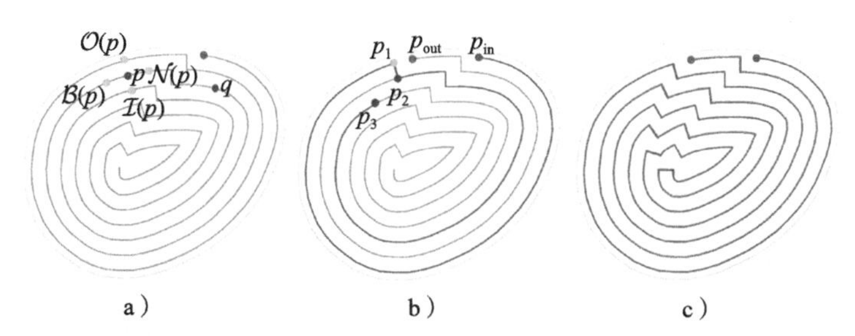

图 2-7　从螺旋线 a）出发生成费马螺旋线 c）。a）螺旋线 π 上的任意点 p 及其相关的梯度前向点 $\mathcal{L}(p)$、梯度后向点 $\mathcal{O}(p)$，以及沿着螺旋线 π 的前向点 $\mathcal{B}(p)$、后向点 $\mathcal{N}(p)$；b）从点 p_{in} 遍历到 $p_1=\mathcal{B}(p_{out})$，跳转到 $p_2=\mathcal{L}(p_1)$，继续遍历直到 $p_3=\mathcal{B}(\mathcal{L}(\mathcal{B}(p_1)))$；c) 费马螺旋线

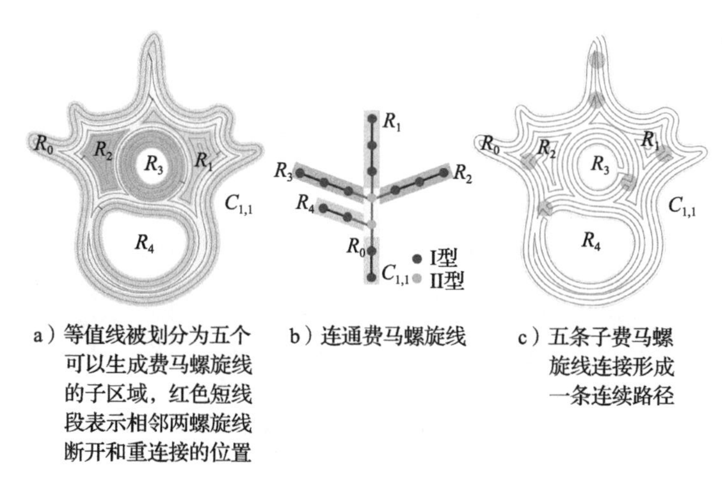

a）等值线被划分为五个可以生成费马螺旋线的子区域，红色短线段表示相邻两螺旋线断开和重连接的位置

b）连通费马螺旋线

c）五条子费马螺旋线连接形成一条连续路径

图 2-9　基于螺旋连通树生成连通费马螺旋线

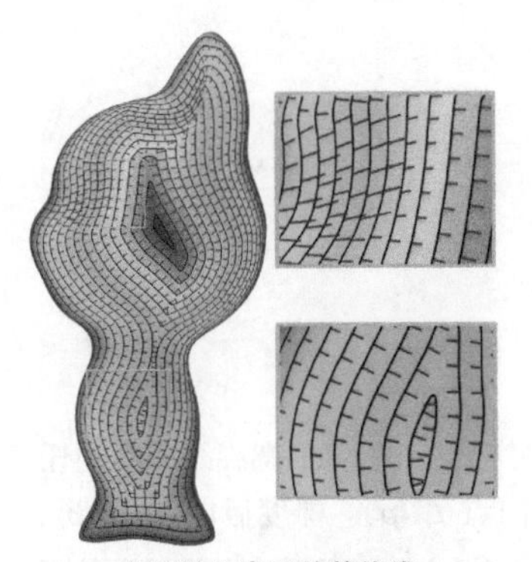

a）测地距离场的等值线

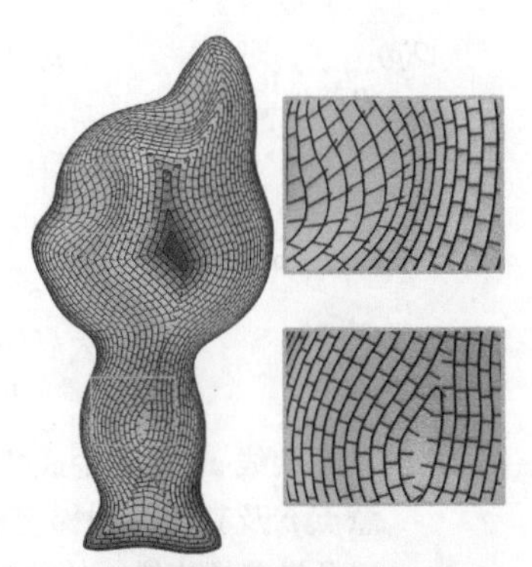

b）迭代后等残留高度约束相关的距离标量场等值线

图 3-5　等残留高度约束相关的距离标量场的迭代计算，图中红色短线可视化了曲面上各采样点的理想路径间距

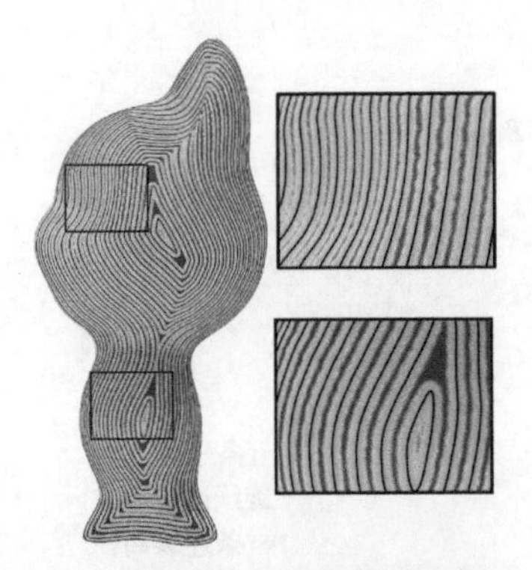

a）测地距离等值线的残留高度

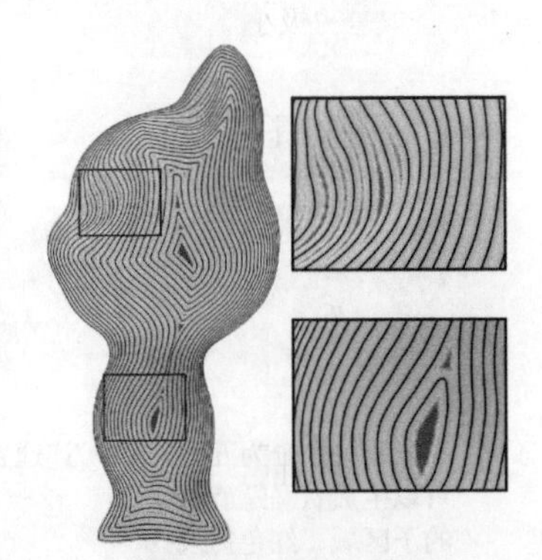

b）残留距离场的等值线路径对应的残留高度

图 3-6　残留高度可视化

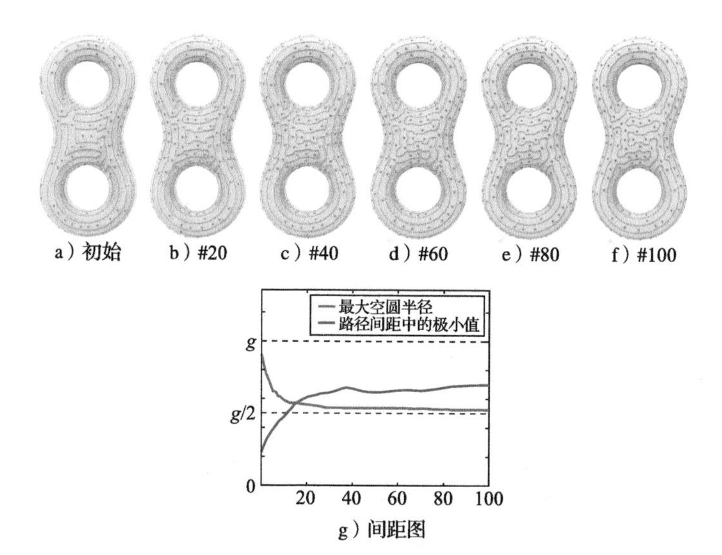

图 3-8　路径优化迭代过程示例，图 3-8g 曲线图给出了迭代过程中最大空圆的半径大小变化情况（蓝色曲线），以及路径间距中的极小值的变化情况（红色曲线）

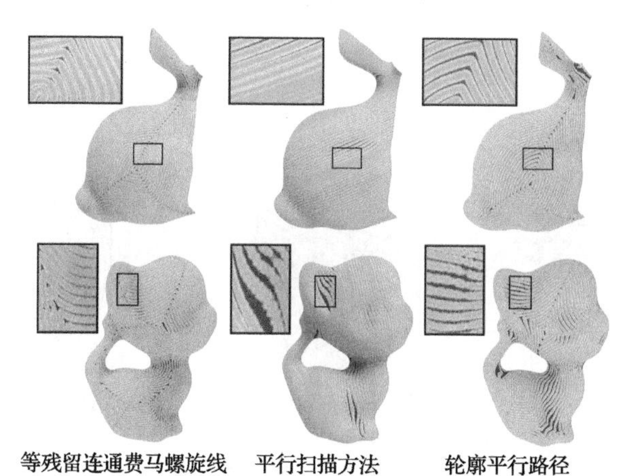

等残留连通费马螺旋线　平行扫描方法　轮廓平行路径

图 3-12　残留高度可视化，深红色标记区域为残留区域

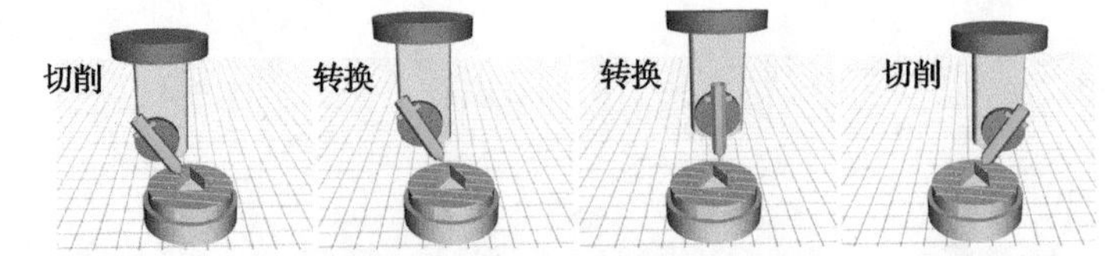

图 4-3　定轴加工示意图，加工绿色和红色区域时只有三个移动轴运动，在需要转换加工范围时，另外两转动轴参与运动

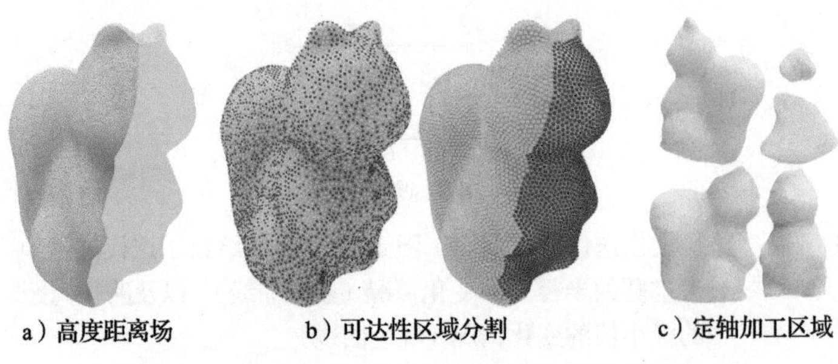

a）高度距离场　b）可达性区域分割　c）定轴加工区域

图 4-5　封闭自由曲面模型装夹规划算法流程

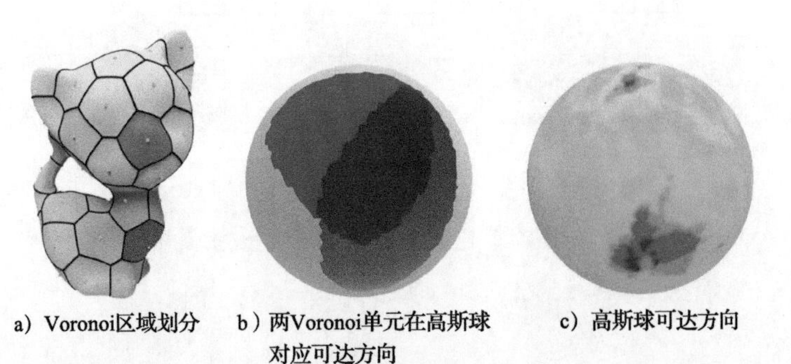

a）Voronoi区域划分　b）两Voronoi单元在高斯球对应可达方向　c）高斯球可达方向

图 4-9　Voronoi 单元可达性

CCF优秀博士学位论文丛书

面向增减材制造的几何研究与应用

Geometry Research and Application for Additive and Subtractive Manufacturing

赵海森——著

目前，增材制造已经成为世界各国关注的热点，减材制造也仍然在制造业中占有一席之地。本书的研究方向是增减材制造、装夹规划以及半色调投影与模型生成。本书首先基于费马螺旋线提出了连通费马螺旋线，并将其应用于增减材制造的路径规划中；然后针对手工装夹规划提出了一种全新的装夹规划方法，该方法可以自动处理封闭自由曲面模型；最后提出了一种投影半色调图像的多孔结构灯罩模型生成方法，并将其应用于具体实验中。本书的研究成果可以供制造业从业人员参考，为我国 CAD/CAE/CAM 领域的发展做出一定的贡献。

图书在版编目（CIP）数据

面向增减材制造的几何研究与应用/赵海森著．—
北京：机械工业出版社，2022.3（2023.4 重印）
（CCF 优秀博士学位论文丛书）
ISBN 978-7-111-70261-0

Ⅰ．①面…　Ⅱ．①赵…　Ⅲ．①机械制造工艺-研究
Ⅳ．①TH16

中国版本图书馆 CIP 数据核字（2022）第 032417 号

机械工业出版社（北京市百万庄大街 22 号　邮政编码 100037）
策划编辑：梁　伟　　　　责任编辑：梁　伟　游　静
责任校对：樊钟英　王　延　封面设计：鞠　杨
责任印制：李　昂
北京中科印刷有限公司印刷
2023 年 4 月第 1 版第 3 次印刷
148mm×210mm・5.25 印张・2 插页・99 千字
标准书号：ISBN 978-7-111-70261-0
定价：49.00 元

电话服务　　　　　　　　　网络服务
客服电话：010-88361066　机　工　官　网：www.cmpbook.com
　　　　　010-88379833　机　工　官　博：weibo.com/cmp1952
　　　　　010-68326294　金　　书　　网：www.golden-book.com
封底无防伪标均为盗版　机工教育服务网：www.cmpedu.com

CCF
优秀博士学位论文丛书
编委会

丛书序

博士研究生教育是教育的最高层级，是一个国家高层次人才培养的主渠道。博士学位论文是青年学子在其人生求学阶段，经历“昨夜西风凋碧树，独上高楼，望尽天涯路”和“衣带渐宽终不悔，为伊消得人憔悴”之后的学术巅峰之作。因此，一般来说，博士学位论文都在其所研究的学术前沿点上有所创新、有所突破，为拓展人类的认知和知识边界做出了贡献。博士学位论文应该是同行学术研究者的必读文献。

为推动我国计算机领域的科技进步，激励计算机学科博士研究生潜心钻研，务实创新，解决计算机科学技术中的难点问题，表彰做出优秀成果的青年学者，培育计算机领域的顶级创新人才，中国计算机学会（CCF）于 2006 年决定设立“中国计算机学会优秀博士学位论文奖”，每年评选不超过 10 篇计算机学科优秀博士学位论文。截至 2020 年已有 135 位青年学者获得该奖。他们走上工作岗位以后均做出了显著的科技或产业贡献，有的获国家科技大奖，有的获评国际高被引学者，有的研发出高端产品，大都成为计算机领域国内国际知名学者、一方学术带头人或有影响力的企业家。

博士学位论文的整体质量体现了一个国家相关领域的科技发展程度和高等教育水平。为了更好地展示我国计算机学科博士生教育取得的成效，推广博士生科研成果，加强高端学术交流，中国计算机学会于2020年委托机械工业出版社以“CCF优秀博士学位论文丛书”的形式，陆续选择2006年至今及以后的部分优秀博士学位论文全文出版，并以此庆祝中国计算机学会建会60周年。这是中国计算机学会又一引人瞩目的创举，也是一项令人称道的善举。

希望我国计算机领域的广大研究生向该丛书的学长作者们学习，树立献身科学的理想和信念，塑造“六经责我开生面”的精神气度，砥砺探索，锐意创新，不断摘取科学技术明珠，为国家做出重大科技贡献。

谨此为序。

赵沁平

中国工程院院士

2021年12月6日

导师序

本人受聘于北京大学信息科学技术学院，担任前沿计算研究中心执行主任，主要从事计算机图形学、计算机视觉和可视化方面的研究。特此向各位读者推荐博士学位论文《面向增减材制造的几何研究与应用》，该论文获得了2019年度的“CCF优秀博士学位论文奖”。论文作者赵海森是本人在山东大学工作期间招收的第一批博士研究生，他的主要研究方向为计算机图形学与智能制造。取得博士学位后，赵海森又先后进入华盛顿大学和奥地利科学技术研究所（IST），继续开展相关方向的博士后研究工作。

从研究范畴上讲，该论文属于计算机辅助设计/模拟/制造（CAD/CAE/CAM）。20世纪八九十年代我国CAD产业蓬勃发展，很多高校或研究所投入了大量精力自主开发CAD/CAE/CAM软件，出现了许多知名的软件系统。然而，这些系统往往由于开发者兴趣转移或产业应用受限等因素未能获得持续发展。当前，我国在设计（如国产大飞机设计）、制造、机器人等相关领域仍非常依赖国外软件系统。我国设计制造产业的相关人员大多在应用层面上使用这些软件，而没有掌握其中的核心算法和技术。长此以往，这种状况会影响我国在高端智能制造方向的发展，因为高端智能制造涉及底层设计或工艺流程的优化改进。计算机辅助设计/模拟/制造软件成为了当今的卡脖子技术。

该论文主要面向增减材制造开展研究。增材制造是一种新兴的制造方式，各国为推进增材制造发展，制定了很多相关的战略计划；减材制造是一种较传统的制造方式，但仍在制造业中占有相当大的比例。无论采取“增材”或“减材”方式，制造都可以看作数字设计实体化的过程。该论文研究的路径规划是数字设计实体化过程中的一个非常核心的步骤，直接影响制造过程所花费的时间成本及最终的产品质量。该论文创造性地基于经典“费马螺旋线”提出了“连通费马螺旋线”路径，与传统路径方法相比，它具备显著的全局连续性和路径平滑的优势，对制造效率和产品质量都能起到有效的提升作用。连通费马螺旋线不仅可应用于增减材制造的路径规划，还可应用于机器人扫描等场景。已有一些后续工作将连通费马螺旋线应用于多轴打印路径或三维物体的平面展开等应用上。装夹规划是数控加工制造复杂自由曲面必不可少的一项核心步骤，目前在实际生产中，它主要依赖于工程师的个人经验手动完成。学术界提出的基于遗传算法、专家系统、决策树等的方法大多只能处理基本几何元素组成的 CAD 模型。该论文提出的装夹规划方法是第一个能够自动处理封闭自由曲面模型的算法，具有较高的产业应用价值。

当前，发展以 CAD/CAE/CAM 为代表的工业软件已成为国家非常重要的战略需求。 CAD/CAE/CAM 属于计算机图形学领域的重要研究内容。但进入 21 世纪以来，特别是由于近期深度学习技术的兴起，计算机图形学领域的研究热点慢慢转到其他方向。赵海森博士不盲目追求当前热点，能够立足于国家重大战略需求，在其博士学位论文中，应用几何计算的方法，对增减材制造领域中的一些特别基础的问题进行研究，非常难能可贵。希望这篇博士学位论文能够对于我国在 CAD/CAE/CAM 领域的发展起到一定的引领作用，也希望越来越多的研究者能够开展这方面的研究工作。

陈宝权

北京大学博雅特聘教授

2021 年 9 月 30 日

摘　要

制造业是一个国家的支柱产业，能够直接体现一个国家的生产力水平。按工艺来分类，工业制造可分为等材制造、减材制造和增材制造。工业制造是一个典型的多学科交叉的领域，涉及材料、机械、控制、通信等众多方面。前期的工件模型的设计（CAD）、力学模拟分析（CAE）及最终的加工过程规划（CAM），都涉及大量的几何问题。

本书面向智能制造中的几何问题及其应用，具体研究了与增减材制造路径规划相关的空间填充曲线生成问题和与自由曲面模型装夹规划相关的区域分割问题，在应用方面研究了一种基于三维打印可定制化制造的创意投影灯罩几何模型生成方法。本书的创新点和贡献主要包括以下几个方面：

1. 提出了一种全局连续且平滑的增材制造路径规划方法

本书将费马螺旋线引入空间填充曲线的生成中，提出了一种新的空间填充曲线——连通费马螺旋线，并详细阐述了其作为增材制造路径规划方法的优良特性。与传统的空间填充曲线不同，连通费马螺旋线对任意拓扑连通的区域都可以生成一条全局连续且平滑的空间填充曲线。将连通费马螺旋线应用到三维打印的截面填充路径规划中，并与现有的三维打印路径进行比较，证明应用连通费马螺旋线路径规划算法能够显著提升打印质量并缩短打印时间。

2. 提出了一种残留分布均匀的减材制造路径规划方法

本书探索了连通费马螺旋线的三维形式，提出了一种同时满足全局连续、平滑和等残留三种特性的减材制造路径规划方法，该路径跟随区域边界生成，能够显著提升铣削加工的表面质量和加工效率。为了使得残留均匀分布，基于曲面方向曲率，本书提出了一种控制费马螺旋线路径间距的方法生成等残留连通费马螺旋线。通过实际的加工实验以及与已有的路径规划方法的对比，证明本书方法对加工效率和质量具有提升作用。

3. 提出了一种封闭自由曲面数控加工的装夹规划方法

已有的装夹规划方法主要处理基本几何图元组成的CAD模型，本书提出了一种针对封闭自由曲面模型数控加工的自动装夹规划方法。基于可达性分析，本书将装夹规划问题定义为一个带方向标签的区域分割问题。考虑定轴加工的约束，本书应用图割理论将输入模型预分割为高度场子区域，之后通过求解一个与可达性分析相关的最小覆盖问题，生成装夹规划的工件方向及其对应的加工范围划分。

4. 提出了一种投影半色调图像的多孔结构灯罩模型生成方法

本书提出了一种基于光线投影的新的半色调成像技术，

根据用户给定的灰度图像和灯罩三维模型，通过在灯罩模型表面上设置微小孔洞调制投影图像。对于模型上的微孔优化其大小、位置和相对光源朝向角度，同时保证可打印性的结构约束，使光源透过这些孔洞在投影面上形成一幅与给定图像最相近的连续灰度图像。

目 录

第 2 章　增材制造的路径规划

第 3 章 减材制造的路径规划

第 4 章 数控加工的装夹规划

第 5 章 半色调投影与模型生成

第 1 章

绪论

1.1 研究背景及意义

工业制造（industry manufacturing）是指采用手工或机械加工的方式，借助各种加工工具，通过一系列化学、物理或生物反应过程，生产制造富于使用或销售价值的产品或货物的过程[1]。工业制造的过程就是将原材料转化为最终工业产品的过程。

随着信息技术的发展，工业制造的方式由以手工方式为主逐步转变为以自动化为主。工业制造业是一个国家的支柱产业，能够直接体现一个国家的生产力水平，是区别一个国家属于发展中国家或发达国家的重要因素。纵观历史，凡是工业发达的国家，其经济水平以及国际地位都处于世界前列[2]。

从制造工艺上分类，工业制造可分为“等材制造”“减材制造”和“增材制造”，如图 1-1 所示。铸、锻、焊技术没有改变原材料的质量，被称为“等材制造”；车、铣、刨、磨技术使原材料在制造过程中质量减少，被称为“减材制造”（subtractive manufacturing）；采用材料逐渐累加的方法制造实体零件的技术，被称为“增材制造”（Additive Manufacturing，AM）技术。

传统铸造技术

数控加工

金属三维打印

图 1-1　工业制造按工艺不同分为“等材制造”“减材制造”和“增材制造”[3]

工业制造是一个典型的多学科交叉的领域，涉及材料、机械、控制、通信等众多方面。工业制造的过程涉及大量的几何问题，包括前期的工件模型的设计制造（CAD）、考虑力学或材料特性的模拟分析（CAE）以及控制机械设备进行实际加工的加工过程的合理规划（CAM）。随着工业制造自动化水平的提高，如何应用先进的信息技术来解决工业制造中流程规划问题或应用中蕴含的几何问题变得越来越重要。

三种主要的工业制造工艺中，以模具注塑、铸造加工为代表的等材制造发展时间较长，在生产实践中形成了很多工艺经验，而以数控加工为核心的减材制造和以三维打印为代表的增材制造历史较短，其中蕴含了很多有待优化解决的几何问题。本书主要面向增材制造和减材制造，试图对其中包含的部分几何和应用问题进行研究。

1.1.1 增材制造

增材制造俗称三维（3D）打印，或称快速原型制造（rapid prototyping）、实体自由制造（solid free-form fabrication），采用分层加工、叠加成型的方式逐层累加材料来制造实体零件，如图 1-2 所示。相对于传统的减材制造，增材制造是一种“自下而上”或“自上而下”的制造方法[4]。

图 1-2 增材制造生产的实体零件，广泛应用于建筑、航空航天、医疗、创意设计等领域㊀

㊀ 图片来自 http://irc. cs. sdu. edu. cn/BuildtoLast/index. html。

三维打印技术被认为将会为个性化产品的设计及生产带来革新。《经济学人》杂志在其2012年的一期专题报道中称，三维打印技术的发展与逐渐成熟，是第三次工业革命的重要标志之一[5]。同年，美国政府正式宣布建立国家增材制造创新机构，推动三维打印技术向国家主流制造技术发展，这也促使各国政府开始重视三维打印。三维打印的技术研究和产业化发展也受到了我国政府的充分重视。2015年2月28日，三部委正式发布了《国家增材制造产业发展推进计划（2015—2016年）》[6]（以下简称《计划》）。《计划》中明确提出我国增材制造的发展目标为："到2016年，初步建立较为完善的增材制造产业体系，整体技术水平保持与国际同步，在航空航天等直接制造领域达到国际先进水平，在国际市场上占有较大的市场份额。"这为我国的增材制造产业带来了新一轮的发展契机。

增材制造一般采用金属、光敏树脂、塑料、陶瓷、石膏等多种材料，相关的工艺技术包括激光选区熔化（SLM）、光固化成型（SLA）、熔融沉积成型（FDM）、激光选区烧结（SLS）、三维立体打印（3DP）等多种类型，但基本原理都是将数字三维模型分解成若干层平面切片，然后将一定厚度的可黏合材料按切片图形逐层叠加，最终堆积生成整个成型件[7]。

三维打印技术是逐层累加的技术（也是加法加工技术），通常包括三维数字模型生成、数据格式转换、切片计算、打印路径规划和实际打印过程[8]，如图 1-3 所示。三维数字模型生成是整个三维打印流程的基础，通常利用各种三维建模软件（如 CAD 软件）或三维扫描设备生成三维数字模型；之后，三维数字模型经过一定的数据格式转换过程传递给后续步骤，当前支持三维打印的最常见的数据格式为 STL 格式；切片计算过程是将三维模型“切割分片”，形成一片片的薄片；为将切片计算过程生成的薄片实体化，需要对打印喷头的路径进行规划，在喷头移动过程中将三维打印材料转化为薄片实体；最终三维打印机根据上述切片和喷头路径控制信息进行打印，直到物体完全成型。显然该过程中包含的几何问题有输入三维模型的特定功能需求下的优化设计、三维模型的切片分层和打印路径的规划。

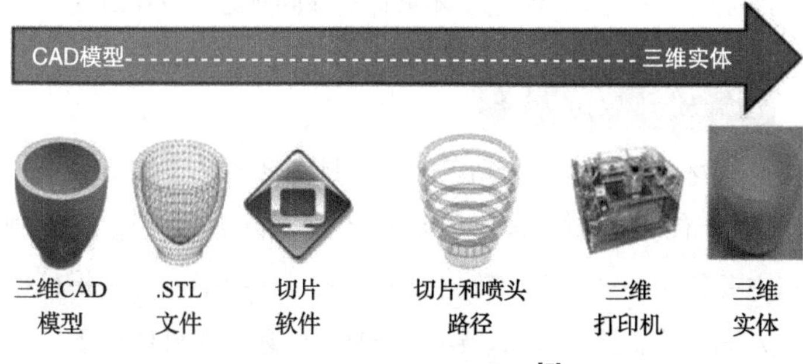

图 1-3　三维打印流程图[7]

作为快速成型领域的新兴技术，三维打印技术可以以数字模型文件为基础制造几乎任意形状的三维实体，而不像传统的机械加工技术通过切削或钻孔（即减材制造）等工艺或模具完成制造过程。三维打印技术不但能够缩短产品的研制周期从而提高生产率并降低成本，而且在材料耗费、环境保护等方面也有优势。

增材制造的主要优势体现在：产品复杂度和多样化与成本无关、零技能制造、个性化定制[7]，尤其适合对任意复杂结构零件、个性化定制产品和高附加值产品进行加工。然而，增材制造的缺点也很突出，主要在于：产品制造效率有待提升；耗材价格昂贵；产品尺寸受限，表面质量精度较差；大批量生产率低下。因此，增材制造可被视为对传统制造业的有益补充，在相当长时间内，两者将共存[4]。

三维打印中的路径规划是增材制造流程中的一个核心过程。路径规划问题是一个典型的几何优化问题，直接影响到制造产品的成型时间和质量。本书拟对该问题进行重点研究。

1.1.2 减材制造

减材制造通常是指利用切削刀具，从毛坯上切除多余材料，从而获得具有一定形状和精度的零件的过程[9]。减材制造主要包括手动加工和数控加工两大类。手动加工是指机械工人通过手工操作车床、铣床、刨床和磨床等机械设备来实现对各种材料的加工的方法。手动加工适合进行小批量、简单的零件生产。自从 20 世纪 40 年代第一台手动控制机床诞生开始，数控加工（Computer Numerical Control，CNC）经历了近 80 年的发展历史。数控加工指的是机械工人运用数控设备来进行加工。通过编程，数控机床自动按要求去除材料，从而得到精加工工件[10]，如图 1-4 所示。

图 1-4 数控机床加工一个镂空工件[3]

根据制造工艺的不同，数控加工可以分为最常见的车、铣、刨、磨。近年来，加工中心作为一种能够将多种制造工艺融合为一体的机械设备发展迅速。数控加工以连续的方式来加工工件，适合加工大批量、形状复杂的零件。

在数控加工领域，流程规划为连接工件设计阶段和实际加工阶段的中间步骤，可以被定义为以最小化加工费用和最优化加工质量为目标的预先规划的加工指令[11]。流程规划包含许多核心步骤，包括设计描述（design interpretation）、流程选择和机床选择、装夹规划、流程参数选择、周期时间预估和费用估计，以及相应的文档管理，如图 1-5 所示。

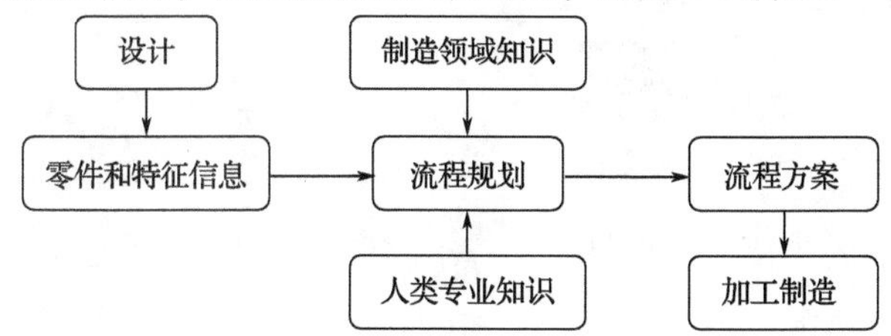

图 1-5 数控机床的流程规划[11]

在不同的数控加工工艺中，铣削加工最常用于复杂自由曲面的加工。当前最常用的铣床分为三轴铣床和五轴铣床。其中，三轴铣床一般用于平面型腔加工[12-13]。五轴铣床一般用于复杂曲面的制造。

数控加工的加工流程通常包括粗加工、精加工和后清理。如图 1-6 所示，粗加工一般采用大尺寸铣削刀头，快速去除大部分不属于目标部件的工件部分，得到目标部件的近似形状，该近似形状实际上是目标部件的一个等距离偏置面。精加工用小尺寸铣削刀头，去除近似形状上不属于最终部件的额外部分材料。由于精加工刀头尺寸较小以及待加工部件本身结构复杂，精加工后仍可能遗留部分未清理部分，这些部分在后清理阶段被进一步清理。加工流程的每个阶段都涉及很多几何问题：粗加工阶段中的刀具优化选择、装夹工具的设计、装夹规划设计、粗加工刀具路径的规划、加工过程的模拟；精加工过程中的刀具路径规划、加工区域的划分、加工过程的模拟、清根步骤的待加工区域的快速检测、清根路径的自动规划等。

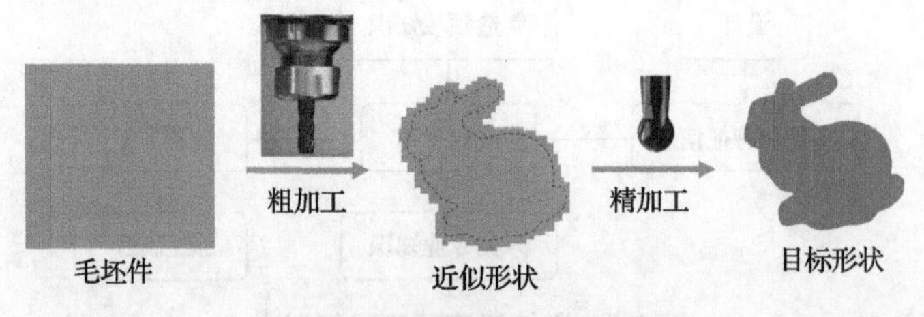

图 1-6　数控机床的一般流程

1.1.3 增减材制造的几何问题

本书面向增减材制造中的路径规划、装夹规划以及基于三维打印的创意设计与制造方面，研究其中涉及的几何问题。增减材制造中的路径规划涉及空间填充曲线的生成。在不同应用语境下，空间填充曲线需要考虑不同的目标约束。装夹规划涉及三维模型的区域分割。本书拟研究三维模型的区域分割在数控加工装夹规划语境下的应用。此外，基于三维打印的创意设计与制造涉及的几何问题可能是多方面的，本书聚焦于一种基于光线投影的半色调方法来表现任意连续灰度图像。下面将介绍这四个方面的研究现状。

1.2 研究现状

1.2.1 增材制造的路径规划

增材制造技术是逐层累加的技术（加法加工技术）。首先输入一个三维数字模型，然后将模型进行切片，生成打印路径，并且进行路径优化，最后三维打印机逐层地按照打印路径堆积形成物体。其中，路径规划是整个三维数字模型打印工作流程中的关键步骤。

从拓扑上讲，连续性是路径规划中的一个关键因素。不连续的路径会导致频繁出现打印头的“关闭/开启”操作，影响打印质量和时间[14-15]：打印喷头剧烈转向会导致在切片边缘形成严重的阶梯状效应，影响打印质量；打印头剧烈转向会不可避免地进行“减速再增速”过程，影响打印效率[16]。

目前最常用的路径规划方法为平行扫描路径（Zigzag）[17]。对于任意拓扑的连通区域，Zigzag方法一方面可能会使用多条打印路径对其进行填充，打印喷头频繁地关闭/开启会严重影响打印质量[14-15]；另一方面，生成的打印路径会有很多小于或接近90度的拐角，打印喷头的骤然转向会严重影响打印时间以及打印质量[16]。下面从机械工艺角度，分别对路径的连续性和平滑性进行进一步阐述。

（1）**路径的连续性** 熔融沉积成型技术是最常用的增材制造技术。在熔融沉积过程中，材料被熔化为黏稠流体并通过一个细小的喷头挤出。由于流体的特性所限，材料的挤出量难以精确控制，因此喷头在开始挤出与停止挤出时，材料的挤出量会过多或过少；同时，当打印头自某段路径的终止点移动到下一段路径的起始点时，喷头上的多余材料会在截面上形成一条细长直线，出现填充误差。该填充误差出现在物体表面时，可产生肉眼可见的痕迹；出现在物体内部时，则会降低其结构强度。因此，打印路径规划要求尽量减少单层打印路径的间断。

（2）**路径的平滑性** 熔融沉积成型技术在打印过程中通过两轴或三轴电机控制喷头在二维平面上移动，因此当路径上存在尖锐转折时，喷头需要进行减速和加速，这一阶段相对于匀速移动阶段，将会消耗更多的时间；同时，在拐角部分，填充材料的分布是不均匀的，其在拐角内侧过多，在外侧过少，这样会导致打印截面的厚度不均匀。尽量保证打印路径上的低曲率将会减少打印时间并且提高打印质量。

因此，生成连续且平滑的路径能够显著提升打印质量并缩短打印时间。

1.2.2 减材制造的路径规划

减材制造中的自动化制造主要通过计算机数值控制（Computer Numerical Control，CNC）的方式实施。一台数控机床按照预先设计好的指令操纵一个圆柱形的铣削刀具从一个毛坯件上以减材的方式生产出最终的工件形体。减材制造的路径规划指的是预先规划刀具行进轨迹和方向的过程。

如前文所述，复杂自由曲面工件一般采用铣削加工技术，在三轴或五轴数控机床上依次经过粗加工、精加工和清根加工。该加工过程中的每一阶段都需要进行相应的路径规划。路径规划的好坏不仅直接影响最终的加工质量和加工效率，还影响刀具的使用寿命等。目前大部分研究工作都围绕精加工阶段的路径规划问题展开，主要原因在于精加工直接影响成型工件的表面质量，并且精加工时间在整个加工过程中占比往往更大。相比而言，粗加工阶段的核心问题在于完成度，对路径本身的质量要求不是特别高；清根加工阶段的核心问题在于待后清理区域的检测。

以五轴铣床为例，路径规划不仅包括刀位点和刀触点的指定，还包括刀具姿态的控制，用于消除刀具干涉的影响。路径规划问题作为数控加工的一个核心问题，其研究与发展一直伴随着整个数控加工的发展历程。因此，设计一个满足各种数控加工要求的路径规划算法就变得尤为重要。特别是近年来，随着数控加工领域的发展，高速加工越来越受到工业界和学术界的青睐。对于高速加工，设计具有负载均衡和最小化撤刀次数等因素的路径规划算法非常重要。

当前，数控加工一般用于加工由简单几何曲面包围成的传统 CAD 模型，一般最常用的路径式样为 Zigzag 路径。对于自由曲面的加工，目前有很多研究工作提出了相关的路径规划算法，比如参数法、截面法、导动面法等。

本书主要关注自由曲面精加工中的刀具路径规划问题。精加工一般采用球头刀加工，主要原因在于球头刀对加工方向不敏感，也就是说，球头刀具相对于自由曲面可以在一定范围内任意变化方向，而不影响其切削范围。精加工路径规划的主要目标约束有：加工路径连续不断；加工路径平滑；在满足用户指定的最大残留高度的前提下，自由曲面上残留高度均匀分布。其中，加工残留高度是指两条相邻刀路切削后残留部分的高度。自由曲面上的等测地距离分布的路径并不能产生均匀分布的残留高度。为了获得均匀分布的残留高度，自由曲面上的路径间距需要根据相邻路径对应点处的方向曲率进行相应调节。

1.2.3 数控加工的装夹规划

如前文所述，铣削加工最常用于复杂自由曲面的加工，包括一般用于加工平面型腔结构（单独方向的自由曲面）的三轴铣床和用于加工复杂自由曲面的五轴铣床[12-13]。五轴数控机床的工作模式包括定轴加工模式和五轴联动工作模式。应用五轴数控机床加工一个完整的零部件，受到机床刀具可达性范围的限制，往往不能在一次装夹下完成所有部件区域的加工，需要多次重新进行装夹定位。定轴加工模式是指五轴数控铣床加工前需要进行装夹规划和定轴加工区域划分。

其中，装夹规划指的是装夹过程工件方向规划和对应加工范围划分，以及设计或选择的装夹工具对工件进行加紧定位。定轴加工区域划分指的是将某装夹方向下的加工范围进一步划分为定轴加工模式可加工的子区域并指定其刀具方向。

在学术领域，装夹规划主要采用遗传算法、专家系统、决策树、训练学习等方法[18-19] 处理由基本几何元素组成的 CAD 模型。目前学术界还未见到能够处理无明显特征线的自由曲面组成的全封闭工件的相关工作，如图 1-7 所示的小猫模型。在当前的实际生产中，装夹规划和定轴加工区域划分还需要依赖工程师基于经验进行手动设计。本书拟开展对于全封闭自由曲面模型的装夹规划研究。

图 1-7 减材制造加工的模型类型包括 CAD 模型和三维自由曲面模型㊀

1.2.4 基于三维打印的创意设计与制造

随着信息技术在制造应用领域的发展，三维打印技术的出现满足了人类可定制化制造的需求。第一次工业革命以来，大规模集约化的生产模式显然无法满足越来越追求个性的当代人类的普遍需求。三维打印技术可以直接以数字模型文件为输入，能够制造任意复杂形状的三维实体，满足了这种个性化定制制造的需求。

目前在创意设计与制造方面，已经出现了很多有意思的工作，使得三维打印广泛应用于艺术设计、玩具设计、功能连接件等方面[20]。如图 1-8 所示，Song 等人提出了一种根据用户需求自动设计发条玩具内部机械结构的算法[21]。Wang 等人提出了一种考虑到浮力平衡的模型内部结构镂空方法，

㊀ 图片来自 https://www.indiamart.com/s-s-engineering/precision-machined-component.html#20530471273。

最终模型能够遵循用户指定的漂浮方向[22]。Li 等人可以在用户指定的三维模型内部计算生成特定的管道结构，演奏出用户指定的声音频率或响度大小的声音[23]。

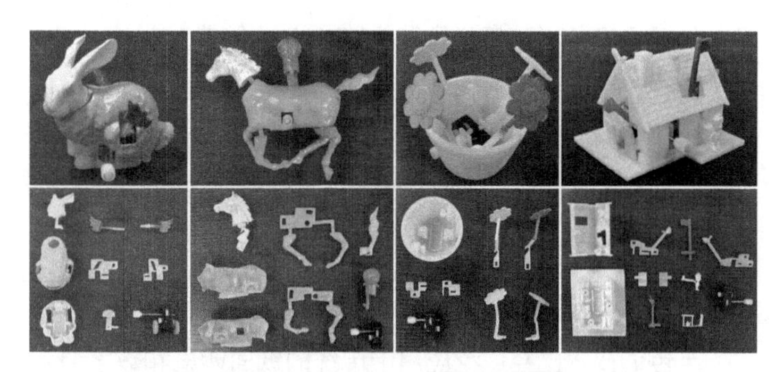

图 1-8 发条玩具内部机械结构的制动设计[21]

本书拟在三维打印图像个性化展示方面进行研究。图像以色调连续性来划分，可以分为连续调图像和半色调图像，如图 1-9 所示。连续调图像是指在一幅图像上，存在着色调、亮度与饱和度连续变化的真彩色图像，其连续变化是由单位

a）连续调图像

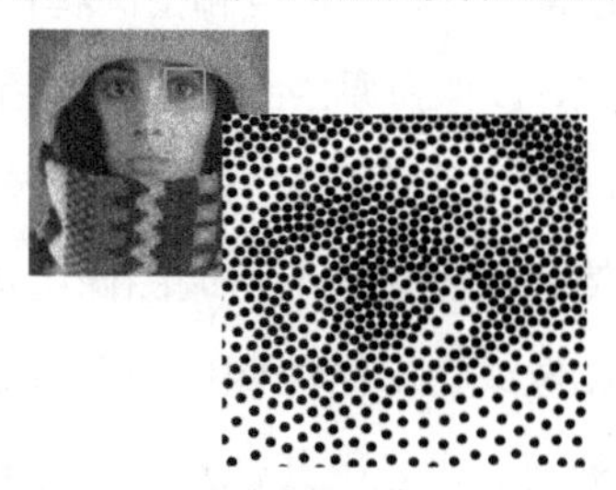

b）半色调图像

图 1-9 图像按照色调连续性分为连续调图像和半色调图像

面积成像物质颗粒的密度构成的，如 CRT 显示器。连续调图像的深浅变化是非离散的。连续调图像的展示方式主要有图像打印、图像投影（二维幕布投影、三维全息投影），以及各种显示设备（计算机屏幕、VR/AR 眼镜等）。

与之对应的半色调图像又称为网目图像，其表现的色调则相对少一些，通过网点的大小或稀疏表达图像的层次，图像细节的变化并不连续。因此从某种程度上来说，半色调图像是连续调图像的一种。由连续调图像生成半色调图像的方法，称为半色调图像生成技术，或半色调技术。

半色调技术已经广泛应用于传统的纸面印刷和数字显示等领域。半色调技术利用了人类视觉融合原理，即当人类眼睛和成像屏幕处于合适距离时，人类视觉可以把相互离散分布的单元（基本的几何元素：黑圆点、三角形、方形等形状）融合为连续灰度或彩色变化[24-25]。其核心在于结构保持、色调再现、点密度和空间解析等问题。经过几十年的探索研究，以保持原始图像的相对色调为目的，国内外的研究学者们提出了很多相应的半色调技术[26-27]。

然而，已有的半色调图像生成技术所面向的是数字半色调图像或者二维图像的点刻画表达[26-27]，如图 1-9b 所示的点刻画形式。用其他形式表达半色调图像的研究还比较少见，这方面的研究工作有：Schwartzburg 等人利用近似平行光通过透明玻璃产生的折射光线路径发生转变的原理，在投影接收面上形成特定的高对比度焦散图像[28]，如图 1-10 所示。

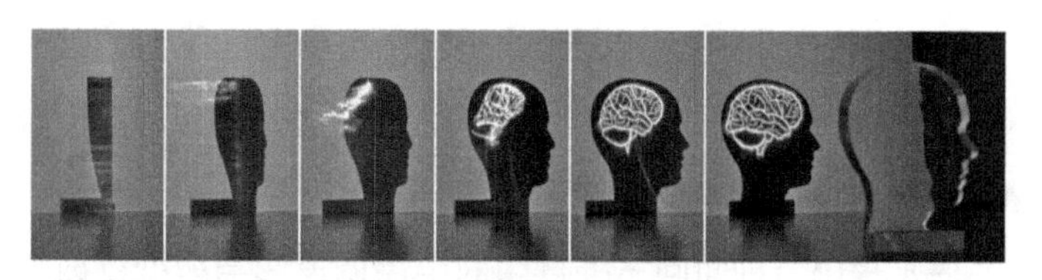

图 1-10 高对比度焦散图像[28]

1.3 研究目标、研究内容及主要创新点

1.3.1 研究目标

本书的研究成果将为增减材制造，包括路径规划、装夹规划以及基于三维打印的创意设计与制造，提供新的思路和方法，为解决增减材制造中的其他几何问题提供借鉴。本书研究成果有望直接用于指导实际的增减材制造，以减少人工成本，提升增减材制造过程的加工效率和成品质量，并在基于三维打印的创意设计与制造方面提出一种新的投影图像展示技术，该技术可应用于室内家具、创意产品展示、艺术形象展示等领域。本书的具体目标如下：

1）提出一种新的能够提高增材制造打印效率和打印质量的路径规划算法。

2）提出一种新的能够提高减材制造加工效率和表面质量的路径规划算法。

3）提出一种用于加工三维全封闭自由曲面模型的装夹规划算法，该算法可以针对用户输入的任意封闭自由曲面模型给出合理的装夹规划方案。

4）提出一种面向三维打印的半色调投影与模型生成方法，该方法生成的可打印多孔结构灯罩能够在投影接收面上形成一幅与给定的任意灰度图像最接近的半色调投影灰度图像。

1.3.2 研究内容

本书主要研究增减材制造中的几何问题及其应用，具体研究了增减材制造路径规划涉及的空间填充曲线生成问题，减材制造中加工封闭自由曲面模型的装夹规划对应的区域分割问题，以及基于三维打印可定制化制造投影半色调图像的多孔结构灯罩模型生成问题。针对这些问题，结合特定的增减材制造的约束背景，本书提出了相应的解决方案。本书具体的研究内容有：

1. 截面填充曲线生成方法

将费马螺旋线引入增材制造的路径规划中，提出一种同时具有全局连续和平滑两种特性的截面填充曲线生成方法——连通费马螺旋线。

2. 自由曲面精加工路径生成方法

将费马螺旋线引入减材制造的路径中，提出一种同时满足全局连续、平滑且残留均匀分布三种特性的自由曲面填充曲线生成方法。

3. 装夹规划区域分割算法

在五轴数控机床上采用定轴加工的方式（3+2 工作模式），加工三维封闭自由曲面模型，针对其中的装夹规划步骤，提出一种考虑数控机床刀具可达性和最小化装夹次数的区域分割算法，该算法输出装夹过程工件方向规划及对应加工范围划分。

4. 透射光半色调投影与模型生成方法

将传统的半色调技术应用于光线上，将光线透射形成的光斑作为显示介质，根据用户给定的灰度图像和三维模型，通过在模型表面上设置微小孔洞调制投影图像。对于模型上的微孔，优化其大小、位置和相对光源朝向角度，同时保证可打印性的结构约束，使光源透过这些孔洞在投影面上形成一幅与给定图像最相近的连续灰度图像。

1.3.3 主要创新点

本书研究了面向增减材制造的部分几何问题，包括空间填充曲线、三维曲面区域分割以及透射光半色调图像生成问题，并探究了它们在增减材制造路径规划、装夹规划以及基于三维打印的创意设计与制造方面的应用。本书的主要创新点和贡献主要包括以下几个方面：

1. 连通费马螺旋线的提出及其在三维打印路径规划上的应用

本书将费马螺旋线引入空间填充曲线的生成中，详细阐述了费马螺旋线作为一种新的空间填充曲线基础图案式样的优良特性：跟随区域边界生成；费马螺旋线的两个末端点都位于区域外边界上；末端点的位置在区域外边界是任意可变的。针对任意拓扑连通的区域，本书提出了一种连通费马螺旋线生成算法，即采用分而治之的方法，将任意的拓扑连通区域分为多个相互独立的子区域并分别填充费马螺旋线，之后将多条独立的费马螺旋线连接起来生成一条连续不间断且平滑的空间填充曲线，然后应用一种全局优化的方法在保持曲线路径间距一致的约束下对打印路径进行平滑处理。将连通费马螺旋线应用到三维打印的截面填充路径规划中，并将其与现有的三维打印路径进行比较，可证明应用连通费马螺旋线路径规划算法能够显著提升打印质量并缩短打印时间。

2. 等残留连通费马螺旋线的提出及其在自由曲面精加工上的应用

本书探索了连通费马螺旋线的三维形式，将二维平面的连通费马螺旋线生成算法拓展到三维自由曲面上，提出了一种路径间距可变的连通费马螺旋线生成算法，并将其应用于自由曲面精加工的等残留路径规划中。等残留路径规划要求在满足用户指定的最大残留高度的条件下，自由曲面上残留高度均匀分布。为了获得均匀分布的残留高度，自由曲面上的路径间距需要根据相邻路径对应点处的方向曲率去调节。针对用户指定的最大残留高度，自由曲面不同采样点处的方向曲率对应不同的路径间距约束。本书将自由曲面各采样点不同的路径间距约束统一在一个与约束相关的距离标量场的迭代求解中。从与该约束相关的距离标量场中抽取出残留高度等值线，该等值线恰好满足均匀残留高度的路径分布约束，然后将提取的等值线连接为连通费马螺旋线，最后对生成的连通费马螺旋线进行平滑处理。对于自由曲面精加工，本书提出的路径规划方法能够同时满足连续不断且平滑、区域边界相关、残留高度分布均匀的要求，通过在实际的加工实验中将其与已有的路径规划方法对比表明，本书方法可以在满足加工质量的前提下显著提升加工效率。

3. 可达性分析驱动的区域分割方法的提出及其在装夹规划上的应用

已有的装夹规划方法主要处理基本几何图元组成的 CAD 模型，本书针对三维封闭自由曲面模型，首次探索了一种自动的装夹规划方法。本书设置的装夹规划的前提背景为，五轴数控机床采用定轴加工的方式对自由曲面模型进行加工。本书对五轴数控机床刀具相对于曲面模型的可达性进行了分析，将该装夹规划问题定义为一个可达性分析驱动的带方向标签的区域分割问题。考虑到定轴加工的约束，本书基于图割理论将输入模型预分割为高度场子区域，之后通过求解一个与可达性分析相关的最小覆盖问题，生成装夹规划的工件方向及其对应的加工范围划分。本书提出的装夹规划技术方案具备很好的开放性，适合在本研究提出的统一计算框架内融合其他本研究没有考虑到的约束。

4. 透射光半色调投影生成技术的提出及其在三维打印创意图像表达上的应用

本书将传统的半色调技术应用于光线上，将光线透射形成的光斑作为显示介质，提出了一种新的半色调图像表达方式，并提出了一种可投影该半色调图像的三维打印多孔结构灯罩的模型生成方法和一种特定的模拟方法。根据用户给定的灰度图像和三维模型，通过在模型表面上设置微小孔洞调制投影图像。对于模型上的微孔，优化其大小、位置和相对光源朝向角度，同时保证可打印性的结构约束，使光源透过这些孔洞在投影面上形成一幅与给定图像最相近的连续灰度图像。实验表明，利用本书提出的模型生成方法构建的三维可打印灯罩的投影效果非常接近于原始灰度图像。

1.4 本书组织结构

本书的结构安排如下：

第 1 章描述了本书的研究背景及意义，回顾了相关研究的发展现状，总结和概括了整个研究的目标、内容以及主要创新点，并介绍了本书的基本组织结构。

第 2 章详细描述了本书提出的面向增材制造的路径规划方法——连通费马螺旋线的生成算法；本章对相关工作进行了总结描述，分析展示了相关的实验结果。

第 3 章介绍了本书提出的面向减材制造的路径规划方法，总结概括了三维曲面铣削加工路径规划的特定约束，详细叙述了等残留连通费马螺旋线的生成算法，并展示了算法的铣削实验结果和量化数据对比。

第 4 章介绍了加工全封闭自由曲面模型的装夹规划方法，总结概括了已有的装夹规划相关工作，介绍了自由曲面模型装夹规划涉及的机床特性，对装夹规划算法进行了详细的介绍，并给出了相应的实验结果和数据对比。

第 5 章介绍了透射光半色调投影与模型生成方法，对三维打印创意设计与制造的相关工作进行了总结，详细阐述了多孔结构灯罩的生成算法以及透射光投影的模拟算法，最后展示了算法生成的打印灯罩的实际投影效果，并对其进行了量化对比分析。

第 6 章对本书进行了总结和归纳，并描述了未来的研究方向及研究价值。

第 2 章

增材制造的路径规划

2.1 引言

以目前的技术水平来看，影响增材制造（三维打印）进一步向普通用户推广的一个很重要的原因是加工效率低下，普通尺寸的三维模型都需要数小时的时间。而影响三维打印效率的一个关键因素就是三维打印的路径规划的优劣。

目前在商业软件中最常用的路径规划方法为 Zigzag 方法，这得益于其易于理解与易于生成的优势。对于任意打印截面区域，Zigzag 方法无法保证用最少数量的打印路径生成截面填充曲线，随之产生的打印喷头频繁开启和关闭以及“空走”操作，将会对打印效率和成品质量产生双重影响[14-15]。从另一个角度来看，Zigzag 采用循环往复的路径规划方法，生成的路径中不可避免地会出现许多接近甚至小于 90 度的硬拐角，打印喷头通过这些硬拐角需要花费更多的打印时间，并且对打印质量产生不好的影响[16]。

因此，有必要探索一种能使三维打印喷头在行进过程中尽量平滑匀速运动且能够连续不间断工作的路径规划方法。以此为目的，本章详细阐述了费马螺旋线作为一种新的基本图案式样的优良特征，提出了一种称为连通费马螺旋线的空间填充曲线，并将其应用于增材制造的路径规划中。图 2-1 是在一个多孔结构小猫模型的截面区域生成连通费马螺旋线的实例，其中浅色点和深色点分别指出了路径的起点和终点位置。

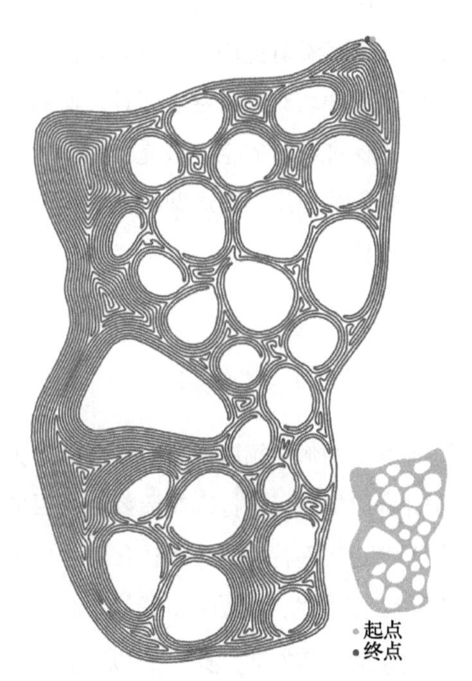

图 2-1　一种新的空间填充曲线——连通费马螺旋线的实例

本章将费马螺旋线引入空间填充曲线的生成中，提出了一种连通费马螺旋线的生成算法。首先，采用分而治之的方法，将任意的拓扑连通区域分为多个相互独立的子区域并分别填充费马螺旋线，之后将多条独立的费马螺旋线连接起来生成一条连续不间断且平滑的空间填充曲线。

传统的基于分形的空间填充曲线为了严格地保证空间填充，以及保持一种局部填充的特性，比如 Hilbert 和 Peano 空间填充曲线，会产生很大程度的弯曲路径。而基于费马螺旋线的空间填充曲线会尽量避免产生高曲率路径，一定程度上不可避免地破坏了局部填充的特性。而且，连通费马螺旋线路径并不能严格地保证绝对的空间填充。然而，对于增材制造语境下的路径规划的应用，连通费马螺旋线仍具有相当大的吸引力和实用价值。

2.2 相关工作

近年来，计算机图形学领域中智能制造的相关研究发展迅速，出现了许多以提高三维打印制造效能为目的的研究工作，比如：基于特定物理特性的几何优化；考虑到物体平衡性[29] 和结构强度[30-32] 的几何结构的设计与优化；以改善打印模型外表面质量的打印方向计算[33]；以节省三维打印耗费为目的的优化结构计算[34-35]；通过三维形状的分解和重组来突破打印空间的尺寸限制[36-39]。

针对增材制造的路径规划问题，为了进一步强调路径的连续性和平滑性的重要性，本节首先详细叙述了三维打印设备的电机控制喷头移动的力学原理，以及在喷嘴行进过程中挤出黏弹性材料的机械原理与特点。然后总结增材制造路径规划的相关工作和当前研究热点。本节并没有详细介绍路径规划的所有已有工作，如果读者感兴趣的话，推荐读者阅读相关的综述文章[40-41]、Gibson 等人的专门著述[42]，或者查阅 Dinh 等人 2015 年的 SIGGRAPH 课程[43]。

2.2.1 路径连续性

熔融沉积成型（FDM）是一种应用非常广泛的增材制造技术。在 FDM 制造工艺过程中，加热组件将丝状的热熔性材料加热融化为黏弹性状态，并将其从打印喷嘴的末端开口处挤出。在熔融状态下，黏弹性的塑性材料具备一定的可拉伸性，通常很难确保以绝对均匀且连续的形式控制挤出材料的精确用量。因此，当电机控制喷嘴开始挤出材料或者停止挤出材料的时候，通常是欠填充或过填充的，这就导致填充的不均匀性。当这种喷头频繁地开启或停止挤出材料的情况发生在打印部件表面时，这些由于欠填充或过填充形成的非均匀性的材料分布将影响打印模型的表面观感；当这种不均匀填充发生在部件内部的填充路径之间时，熔融丝状材料相互附着的黏合力可能被削弱，从而降低打印部件的强度。

类似的过程在所有挤出型打印工艺中都会出现，比如粉末打印设备喷嘴挤出黏合剂的过程与 FDM 打印工艺挤出熔融材料的过程类似。规划路径的任何不连续性除了会导致打印喷嘴的频繁开关之外，还会不可避免地引入空走路径。打印喷嘴在空走过程中并不参与实际的打印工作，这会影响整体制造过程的效率。

因此，增材制造路径规划的一项核心目标是使得路径的开关切换最少化，或者说使其连续性最大化。

2.2.2 路径平滑性

路径的几何特征，尤其是路径曲率，会显著影响加工效率和质量。当打印喷嘴在步进电机的控制下通过曲率变化较大的规划路径时，往往需要耗费更多的减速和加速时间。

对于 FDM 制造工艺，打印喷嘴根据事先设置好的规划路径填充熔融材料时，需要控制两种速度：一种是喷嘴本身的进给速度，另一种是喷嘴挤出熔融材料的挤出速度。在喷嘴通过曲率变化较大的硬拐角路径时，进给速度不可避免地要经历先降低再提升的过程，为了保证单位时间内喷嘴挤出的材料量不发生剧烈变化，进给速度变化的同时需要挤出速度相应地配合变化，而这将极大地增加控制系统的设计难度和设备运行响应的精准度。若两者无法密切配合，在曲率变化较大的路径部分，将会出现过填充或欠填充的现象[44]。大曲率路径造成的对打印质量和效率的这种影响，在高速制造条件下会进一步扩大。高速制造意味着初始设置很高的进给速度，喷嘴在通过硬拐角路径时需要花费更多的时间来经历减速和加速过程。

因此，尽量减少急转弯的连续路径可以使打印喷嘴以适宜的速度沿着整个路径移动，从而达到高效和高质量制造的目的。

2.2.3 平行扫描路径与轮廓平行路径

目前，商用三维打印软件中最常用的增材制造截面填充路径主要是平行扫描路径和轮廓平行路径，如图 2-2 所示。

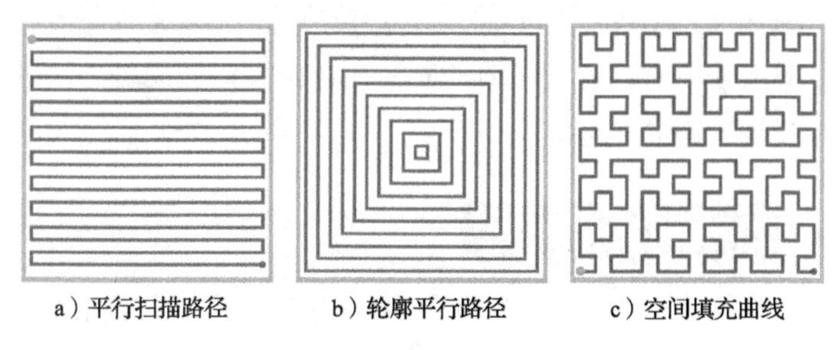

a）平行扫描路径　　b）轮廓平行路径　　c）空间填充曲线

图 2-2　增材制造的常用路径规划方法

平行扫描路径是由一组相互平行的直线路径在区域边界内往复扫描形成的，也被称为 Zigzag 路径[41]。平行扫描路径是一种与外轮廓无关的路径，对于拓扑比较简单的二维区域，其连续性较好，但是对于拓扑比较复杂的区域，其连续性无法保证。平行扫描路径中有很多接近甚至小于 90 度的硬拐角，不适合高速制造场景下的加工活动。

轮廓平行路径是由区域轮廓边界的一系列等距离偏置线组成的[45]。轮廓平行方法能够保证打印部件的外表面质量较好[46]。对于拓扑简单的二维区域，轮廓平行路径的平滑性更好，较少出现曲率变化剧烈的拐角，但是路径的连续性很差，不同距离的偏置线之间都是独立不连续的。

一种融合二者优势的杂交方法在商业软件中应用尤为广泛[47]。该方法在内部区域生成平行扫描路径之前，先在区域轮廓的最外部区域生成几条轮廓平行路径。这种杂交方法的缺点在于，两种不同的路径规划方法的连接区域的填充质量无法保证。尤其需要强调的是，当待填充的二维截面的外轮廓具有较高的凹度（concavities）时，两种路径规划方法容易出现不连续的问题。

2.2.4 螺旋线路径

螺旋线路径（如图 2-3a 所示）在数控加工型腔类结构中应用非常广泛[47]，Held 和 Spielberger 等人将一个复杂的二维型腔区域分割为相互独立的可用螺旋线填充的子区域[48]。该方法用单条螺旋线路径加工各子区域，路径的整体连续性较差。螺旋线路径在增材制造中应用较少，其主要原因在于螺旋线路径各向异性较差。增材制造对三维模型进行切片处理之后，如果相邻两层截面都用同样类型的螺旋线路径，会导致相邻层之间的路径相互叠加，不利于增强打印模型横向方向的力学强度[42]。当然，这一问题可以通过在相邻切片层中应用不同的路径规划方法来改善。

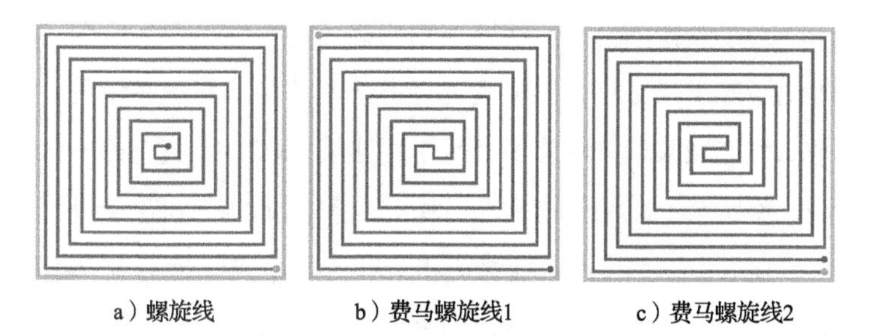

图 2-3 螺旋线和费马螺旋线实例

2.2.5 空间填充曲线

空间填充曲线（Space-Filling Curve，SFC），如图 2-2c 所示，是由填充二维区域的一些短小的分形折线组成[49]，比如 Hilbert、Peano 分形曲线。空间填充曲线应用非常广泛，例如图像信息编码[50]、迷宫路径设计[51] 等。空间填充曲线很早就被应用于增材制造的路径规划[52]。然而，空间填充曲线中频繁的方向转换会导致打印时间相应地延长，并且打印质量也会降低。因此，SFC 曲线在商用的三维打印路径规划软件中实际应用较少。然而，空间填充曲线在类似的割草机路径规划中应用非常广泛[53]。割草机的路径规划问题主要考虑的是能够以尽量短的路径长度覆盖一个拓扑任意复杂的二维区域。

2.2.6 基于区域划分的路径规划

为了改善增材制造路径规划的路径连续性，很多研究者提出了基于区域划分的路径规划方法。其基本思想在于将一个二维连通区域分解为多个可使用连续打印路径填充的子区域，将所有子区域连接后即可构成一条连续的打印路径[12]。

Dwivedi 和 Kovacevic 等人[14] 将二维连通区域分解为独立的单调多边形，在每个单调多边形中生成封闭的平行扫描路径，再将各个相邻的路径连接为一条连续路径，如图 2-4a 所示。Ding 等人[15] 对二维连通区域进行凸分解，每一个凸多边形区域对应一个最优的平行扫描路径方向，将所有凸多边形区域连接后即可得到一个连续的打印路径，如图 2-4b 所示。然而这两种方法均只能对多边形输入进行路径规划，对于有着平滑边界的图像，这两种算法均无法工作。

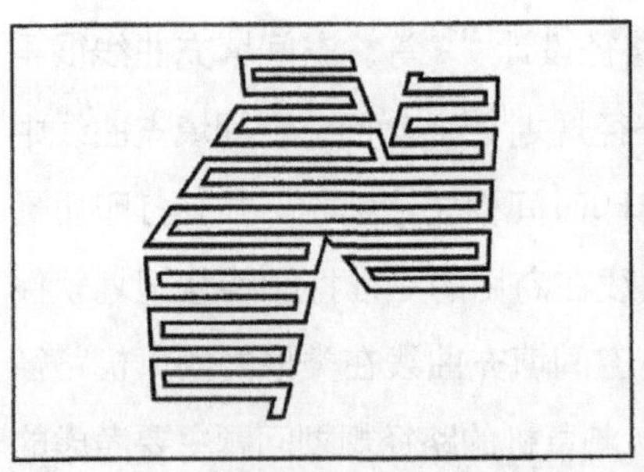

a）单调多边形子区域[14]

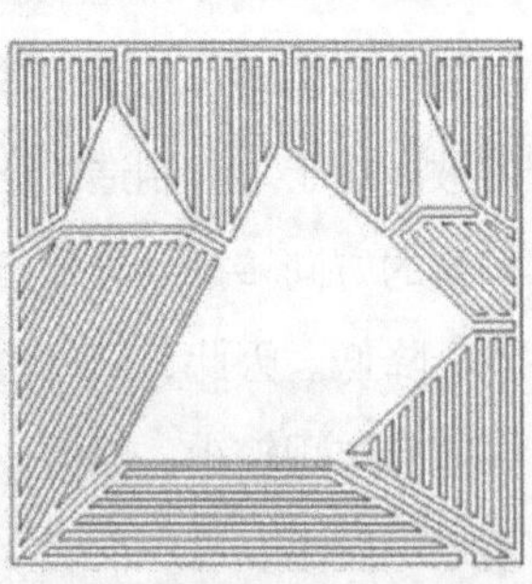

b）凸多边形子区域[15]

图 2-4 基于区域划分的路径规划方法

上述两种以提升路径连续性为目的的区域分解方法，实质上分别利用了凸多边形和单调多边形适合生成连续的平行扫描路径的特性。对于单调多边形区域，生成连续的平行扫描路径的方向是受限的；对于凸多边形区域，则可以在任何方向上生成连续的平行扫描路径。

本章提出的路径规划方法同样采取“分而治之”的区域分割方法，不同之处在于，本方法不仅可以处理多边形区域，也可以处理平滑边界区域；拟在子区域中填充螺旋线路径。满足何种几何特性的多边形区域可以被一条螺旋线曲线填充，还未见前人对这个问题进行过相关探索。

2.3 费马螺旋线

费马螺旋线（Fermat spiral）是由被称为“业余数学家之王”的法国著名数学大师 Pierre de Fermat 提出的一种螺旋线[54]。费马螺旋线是一种非常有趣的空间填充曲线，由两条相互间隔分布的子螺旋线组成，一条由外向内生成的螺旋线和一条由内向外生成的螺旋线，如图 2-5 所示。本节拟将费马螺旋线作为一种新的基本路径式样应用于空间填充区域的生成中，并分别介绍了费马螺旋线应用于空间填充曲线的优良特征，以及费马螺旋线的生成方法。

图 2-5　由两条相互间隔的螺旋线组成的费马螺旋线，右侧点和左侧点分别为螺旋线路径的起点和终点，正中心的点为费马螺旋线的中心点

2.3.1　空间填充曲线特征

据我们所知，费马螺旋线还没有作为一种基本的空间填充曲线应用于增材制造的路径规划中。作为一种新的空间填充曲线，费马螺旋线的优良特性在于：

1）与轮廓平行方法类似，具有跟随区域边界生成的特点；

2）一条费马螺旋线只在曲线中心有一个急转弯的硬拐角；

3）费马螺旋线的两个末端点都位于区域边界外部，且末端点在区域边界上的位置可以任意变化，如图 2-3b 和图 2-3c 所示；

4）通过将末端点首尾相连的方法，多条费马螺旋线可以形成一条连续路径。

2.3.2 生成方法

费马螺旋线的生成过程主要分为三个步骤：首先对于给定的二维轮廓区域，生成其对应的轮廓扫描路径，并将其与区域的欧氏距离场等值线相对应；然后将包含嵌套关系的等值线转换为螺旋线；最后从得到的螺旋线出发，生成费马螺旋线路径。在生成费马螺旋线的过程中，路径的起点可以在区域边界上任意选择。

不妨用符号 R 表示给定的二维区域，用符号 ∂R 表示区域 R 的边界。以 ∂R 为边界条件，通过欧几里得距离变换可在区域 R 中计算距离标量场 ϑ_R。标量场 ϑ_R 中任意点 $p \in R$ 对应的标量值 $\vartheta_R(p)$ 被定义为点 p 到边界 ∂R 的最短距离值。距离标量场 ϑ_R 中标量值为 d 的所有点 p 组成距离值为 d 的等值线。区域 R 的边界 ∂R 可以说是值为 0 的等值线。根据打印喷嘴挤出熔融细丝的宽度 w，在距离标量场 ϑ_R 中提取值为 w 倍数的等值线，如图 2-6a 所示，这些等值线呈现相互独立且相互嵌套的位置关系。

两条相邻的等值线可以通过先断开再重新连接的方式形成一条连续路径，如图 2-6b 所示。继续以这样的断开再连接的方式将所有相邻的等值线依次连接，生成螺旋线路径 π，如图 2-6c 所示。如果区域 R 的距离标量场 ϑ_R 只有一个局部极大值点，则定义该区域 R 为可生成单条螺旋线路径的区域，如图 2-6c 所示。若距离标量场 ϑ_R 存在多个局部极大值点，则该区域 R 不能通过以上连接方式生成单条螺旋线路径，如图 2-6d 所示。

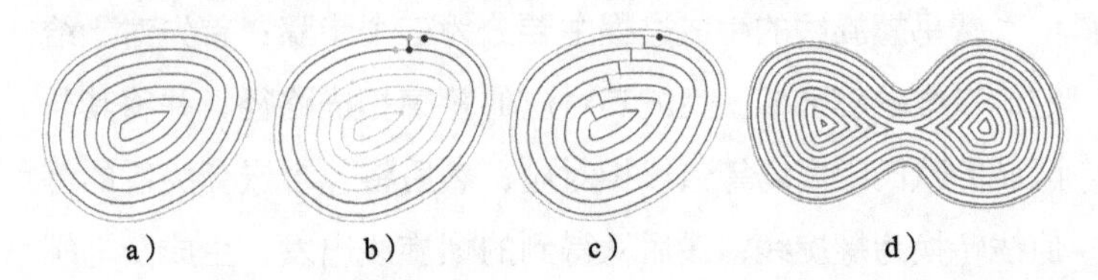

图 2-6　a）为轮廓平行路径；取图 a）最外面的两层轮廓进行断开与重新连接，得到图 b）；重复这一过程得到图 c）所示的单螺旋曲线；从 a）到 c）展示了算法最常见的运行情况，实际的运行中会碰到图 d）的情况，即一个边界内包含多个中心；图 d）的区域属于非可螺旋的区域

费马螺旋线路径可以在上述步骤生成的单条螺旋线路径 π 的基础上生成得到。在从单条螺旋线到费马螺旋线的转换过程中，可以任意选择费马螺旋线的两个末端点在区域边界 ∂R 上所处的位置。

为了便于描述这个转换过程，首先需要做一些符号定义。任取螺旋线路径 π 上一点 $p \in \pi$，从点 p 出发沿着距离标量场 ϑ_R 的正向梯度方向前进，若前进路径与螺旋线路径 π 存在交点，则交点用符号 $\mathcal{L}(p)$ 表示。当点 p 非常接近距离标量场 ϑ_R 的中心位置时，该交点可能并不存在。相应地，沿着反向梯度方向前进，与螺旋线路径 π 的交点为 $\mathcal{O}(p)$。当点 p 位于螺旋线路径 π 最外围位置时，交点 $\mathcal{O}(p)$ 也可能不存在。新定义的这些交点 $\mathcal{L}(p)$ 和 $\mathcal{O}(p)$ 将作为新的连接点出现在费马螺旋线的生成过程中。

为了便于描述费马螺旋线的生成过程，不妨给螺旋线 $\boldsymbol{\pi}$ 上的点 $p\in\boldsymbol{\pi}$ 定义出前后位置关系。沿着距离场梯度变化为正的方向，定义螺旋线 $\boldsymbol{\pi}$ 的第一个点为路径 $\boldsymbol{\pi}$ 在区域边界处的末端点，最后一个点为接近距离标量场 ϑ_R 最大值处的另外一个末端点。对于螺旋线 $\boldsymbol{\pi}$ 上任意两点 p，$q\in\boldsymbol{\pi}$，若从螺旋线 $\boldsymbol{\pi}$ 首端点向末端点遍历过程中先遇到点 p 再遇到点 q，则定义点 p 为点 q 的前向点，点 q 为点 p 的后向点。从螺旋线路径 $\boldsymbol{\pi}$ 上任意点 $p\in\boldsymbol{\pi}$ 出发，沿着 $\boldsymbol{\pi}$ 分别向前和向后行进 w 的距离，得到点 $\mathcal{B}(p)$ 和 $\mathcal{N}(p)$，如图 2-7a 所示。

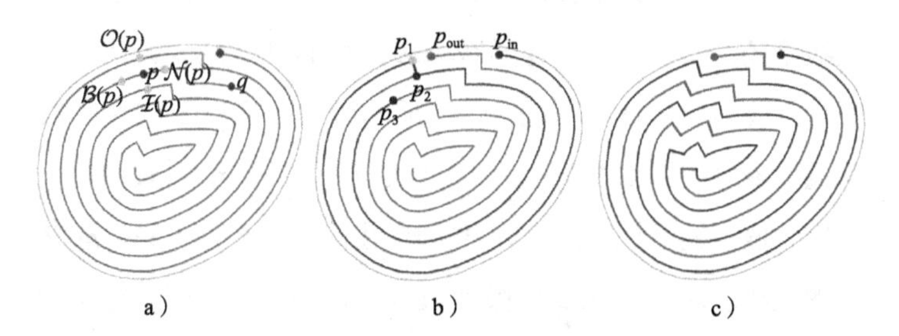

图 2-7 从螺旋线 a）出发生成费马螺旋线 c）。a）螺旋线 π 上的任意点 p 及其相关的梯度前向点 $\mathcal{L}(p)$、梯度后向点 $\mathcal{O}(p)$，以及沿着螺旋线 π 的前向点 $\mathcal{B}(p)$、后向点 $\mathcal{N}(p)$；b）从点 p_{in} 遍历到 $p_1=\mathcal{B}(p_{out})$，跳转到 $p_2=\mathcal{L}(p_1)$，继续遍历直到 $p_3=\mathcal{B}(\mathcal{L}(\mathcal{B}(p_1)))$；c）费马螺旋线（见彩插）

令 p_{in} 为螺旋线路径 $\boldsymbol{\pi}$ 的起点，假定费马螺旋线的终点

为路径 $\boldsymbol{\pi}$ 区域最外围处的点 p_{out}，如图 2-7b 所示。从起点 p_{in} 出发沿着螺旋线路径 $\boldsymbol{\pi}$ 行进直到 $p_1=\mathcal{B}(p_{\text{out}})$，之后路径从点 $p_1=\mathcal{B}(p_{\text{out}})$ 向正梯度方向跳转到 $p_2=\mathcal{L}(p_1)$，继续沿着螺旋线 $\boldsymbol{\pi}$ 正方向行进直到遇到点 $p_3=\mathcal{B}(\mathcal{L}(\mathcal{B}(p_1)))$，之后继续向正梯度方向跳转，直到到达区域的中心。之后从螺旋线 $\boldsymbol{\pi}$ 位于区域中心的末端点出发沿着反梯度的方向将未遍历到的路径连接成为一条路径，最终生成费马螺旋线，如图 2-7c 所示。

2.4 连通费马螺旋线

对于任意二维拓扑连通的区域，都可以生成连通费马螺旋线路径。本节将介绍连通费马螺旋线的具体生成算法。该算法需要解决的核心问题在于如何巧妙地连接从区域 R 距离标量场 $\boldsymbol{\vartheta}_R$ 中提取的等值线。对于距离标量场 $\boldsymbol{\vartheta}_R$ 中只存在一个极大值点的区域 R，可以直接应用上文描述的方法生成费马螺旋线。对于出现多个极大值点的距离标量场 $\boldsymbol{\vartheta}_R$ 对应的区域 R（如图 2-8a 所示），基于对相邻等值线可连通性的分析，将区域 R 预分解为可生成费马螺旋线的子区域，如图 2-8b 所示。在每个子区域内生成子费马螺旋线，并将这些子费马螺旋线连接起来形成一条连续路径，如图 2-8c 所示。

打印喷嘴挤出熔融细丝的宽度 w，定义了从距离标量场 $\boldsymbol{\vartheta}_R$ 中提取的等值线的路径间距。本节通过调用 Johnson 等人

a）从区域距离标量场提取的等值线

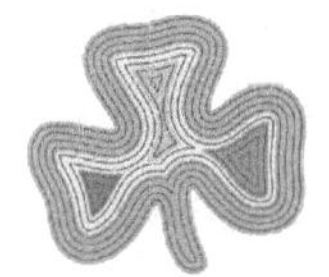

b）等值线被划分为四个可以生成费马螺旋线的子区域

c）费马螺旋线连接为一条连续路径

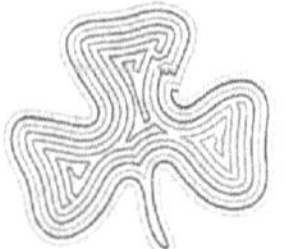

d）通过颜色平滑过渡渐变对连通费马螺旋线进行可视化展示

图 2-8 连通费马螺旋线的生成算法

的 Clipper 算法库[55] 计算区域 R 的距离标量场 ϑ_R，并从中提取路径间距为 w 的等值线集合 $\mathcal{L}$。每条等值线标号为 $C_{i,j}$，其中 i 表示该等值线到区域边界 ∂R 的距离值，$d(\partial R, C_{i,j})=(i-0.5)w$；$j$ 表示该等值线在所有到边界 ∂R 的距离值为 $d(\partial R, C_{i,j})$ 的等值线中的索引值。比如，$C_{1,1}$ 通常代表区域边界 ∂R 本身，等值线 $C_{i,j}$ 和 $C_{i,j'}$ 到边界 ∂R 的距离相等，若 $j \neq j'$，则等值线 $C_{i,j}$ 和 $C_{i,j'}$ 在距离标量场中包含不同的局部极大值点。

2.4.1 螺旋连通树

基于距离标量场 ϑ_R 中提取的等值线集合 $\mathcal{L}$，构造一种称为“螺旋连通树”的树形结构 $\mathbb{T}$。每条等值线 $C_{i,j}$ 对应螺旋连通树 $\mathbb{T}$ 的一个节点；若两相邻等值线 $C_{i,j}$ 和 $C_{k,l}$ 能够以断开再连接的方式连接起来，则其对应螺旋连通树 $\mathbb{T}$ 的两节点直接存在一条边。定义边的权重值为连接对应的两条等值线的花费大小。基于这样一棵螺旋连通树 $\mathbb{T}$，我们采用一种从下向上的遍历方式将所有的等值线连接为一条连续路径。

为了构造螺旋连通树 $\mathbb{T}$，首先需要将等值线集合 $\mathcal{L}$ 构造成为螺旋连通图 $\mathbb{G}$。每条等值线 $C_{i,j}$ 对应螺旋连通图的一个节点。定义两条相邻的等值线 $C_{i,j}$ 和 $C_{i+1,j'}$ 之间的“连通边”为：

$$\mathcal{O}_{i,j,j'} = \{p \in C_{i,j} \mid d(p, C_{i+1,j'}) < d(p, C_{i+1,k}), k \neq j'\}$$

其中，$d(p, C)$ 表示点 p 到等值线 C 曲线上的点的最近距离值。$\mathcal{O}_{i,j,j'}$ 定义了等值线 $C_{i,j}$ 和 $C_{i+1,j'}$ 上可以被断开再连接的路径部分。若 $\mathcal{O}_{i,j,j'}$ 非空，则在螺旋连通图 $\mathbb{G}$ 中 $C_{i,j}$ 和 $C_{i+1,j'}$ 对应节点之间添加一条边，将边的权重定义为“连通边” $\mathcal{O}_{i,j,j'}$ 的长度值。如此设置权重值的原因是期望可以尽量少地破坏长路径的连续性。

带权重的螺旋连通图 $\mathbb{G}$ 构造完成后，计算加权最小生成树（Minimum-weight Spanning Tree，MST）[56] 作为螺旋连通树 $\mathbb{T}$。将等值线 $C_{1,1}$ 对应的节点定义为螺旋连通树的根节点，如图 2-9b 所示。螺旋连通树 $\mathbb{T}$ 中，定义所有度小于或等于两度的节点为 Ⅰ 型节点，大于两度的节点为 Ⅱ 型节点，将相互邻接的 Ⅰ 型节点进行组合。如图 2-9b 中形成五组节点组合，分组内部可生成一条费马螺旋线。Ⅱ 型节点对应的等值线将作为媒介路径，将各子区域的费马螺旋线连接形成一条连续路径。

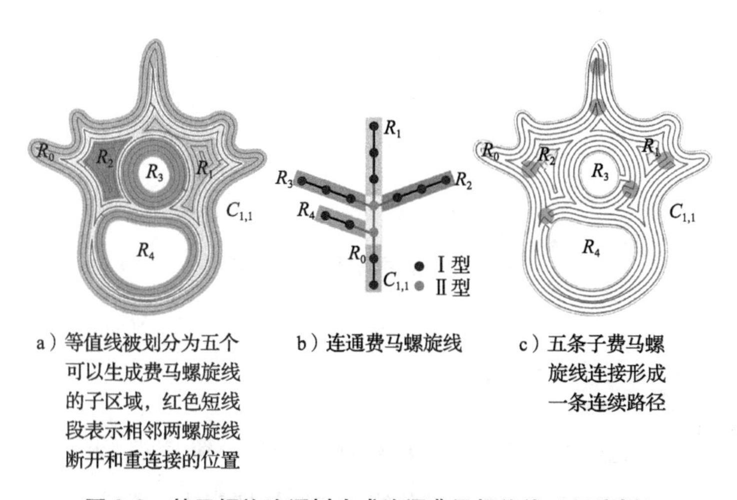

a）等值线被划分为五个可以生成费马螺旋线的子区域，红色短线段表示相邻两螺旋线断开和重连接的位置

b）连通费马螺旋线

c）五条子费马螺旋线连接形成一条连续路径

图 2-9　基于螺旋连通树生成连通费马螺旋线（见彩插）

2.4.2　连通路径生成

为了生成一条连续路径，我们采用一种从下向上的方式，从螺旋连通树 $\mathbb{T}$ 的叶节点出发，至根节点结束，遍历螺旋连通树 $\mathbb{T}$。在遍历过程中，存在两种断开和重连接操作，其中一种断开和重连接操作作用于 Ⅰ 型节点分组对应的等值线区域内部，按照上文所述的费马螺旋线的生成算法生成子区域的费马螺旋线，如图 2-9 的子区域 R_0；另一种断开和重连接操作作用于生成的子费马螺旋线和 Ⅱ 型节点对应的等值线之间。如图 2-10 所示，将子费马螺旋线的起始点与相邻的 Ⅱ 型节点对应等值线的最近点相连。

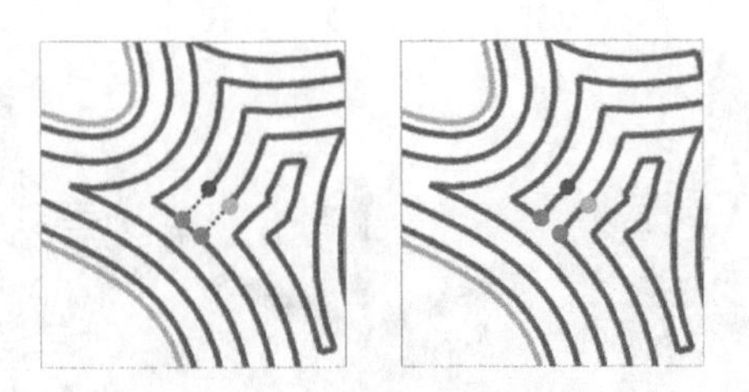

图 2-10　子费马螺旋线的生成

2.4.3　路径优化

至此生成的连通费马螺旋线路径已能够覆盖区域 R 且满足全局连续性。然而，当前的连通费马螺旋线只满足 C^0 连续，可能存在间距不均匀和路径不平滑的问题，如图 2-11a 所示。一种后处理步骤是在路径间距一致的约束条件下，通过局部优化方法对初始化构造的连通费马螺旋线进行平滑处理。图 2-11a 为优化前的路径，图 2-11b 为优化后的路径。

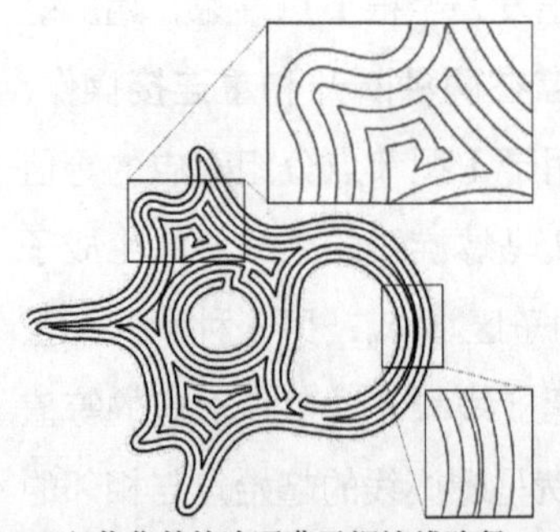

a）优化前的连通费马螺旋线路径

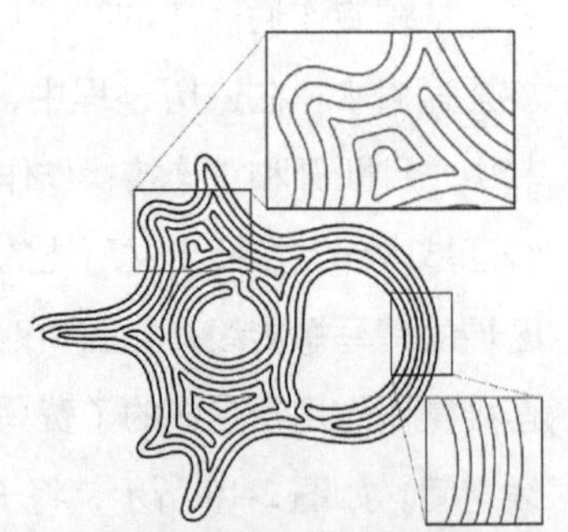

b）优化后的连通费马螺旋线路径

图 2-11　连通费马螺旋线的优化

基于连通费马螺旋线各处曲率动态选取采样点，目的是在曲率大的地方多选取采样点，在曲率小的地方少选取采样点，选取的采样点为p_1^0，…，p_N^0。

在保持打印路径宽度一致的约束条件下，对采样点进行局部位置扰动，达到对生成路径进行平滑处理的目的。构造全局优化函数，包括三个惩罚项，用于对采样点扰动程度、平滑程度和间隔宽度保持程度进行惩罚：$f_{\text{regu}}=\sum_{i=1}^{N}|p_ip_i^0|^2$为采样点扰动程度惩罚项，其中$p_1$，…，$p_N$为采样点，$|p_ip_i^0|$表示边$p_ip_i^0$的长度；平滑程度惩罚项表示为$f_{\text{smooth}}=\sum_{i=1}^{N-2}\|(1-u_i)p_i+u_ip_{i+2}-p_{i+1}\|^2$，其中$u_i=|p_{i+1}^0p_i^0|/(|p_{i+1}^0p_i^0|+|p_{i+2}^0p_{i+1}^0|)$。

对于每个点p_i，其到邻接路径的最近点共两种情况：一种情况是最近点为邻接路径边上的一点，如图2-12a所示；另一种情况是最近点为邻接路径边上的顶点，如图2-12b所示。若为第二种情况，最近点可表示为

$f_{i,j}=(1-t_{i,j})p_j+t_{i,j}p_{j+1}$，由此，$t_{i,j}=\dfrac{(p_i-p_j)^{\mathrm{T}}(p_j-p_{j+1})}{|p_jp_{j+1}|^2}$，$0\leqslant t_{i,j}\leqslant 1$。

定义$\varepsilon=\{(p_i, p_j, p_{j+1})\}$。

若为第一种情况，求得的最近定点p_j一定满足$0\leqslant t_{i,j}\leqslant 1$，则有$V=\{p_i, p_j\}$。

定义间隔宽度保持程度的惩罚项为：

$$f_{\text{space}} = \sum_{(p_i,\ p_j,\ p_{j+1}) \in \varepsilon} (\ |p_i f_{ij}| - d)^2 + \sum_{(p_i,\ p_j) \in V} (\ |p_i p_j| - d)^2$$

综上所述，全局优化目标函数为：$\underset{p_1,\cdots,p_N}{\text{minimize}} f_{\text{requ}} + \alpha f_{\text{smooth}} + \beta f_{\text{space}}$。其中，$\alpha$ 为控制平滑程度的参数，β 为控制间隔宽度保持程度的参数，一般取值为：$\alpha = 200$，$\beta = 1.0$。

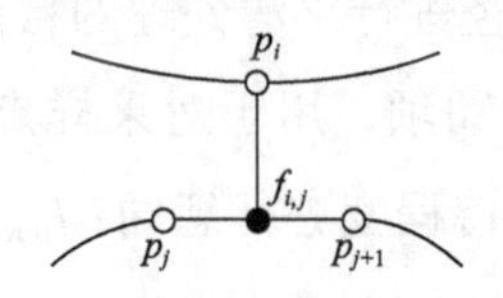

a）最近点处于邻接路径边上

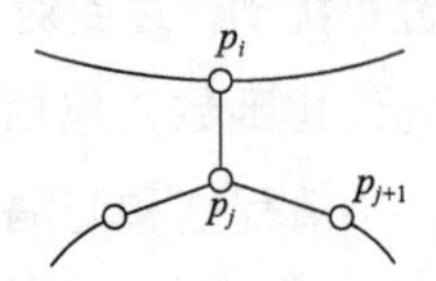

b）最近点为邻接路径边上的顶点

图 2-12　点 p_i 到邻接路径的最近点的两种情况

上述全局优化目标函数中同时含有离散成分（ε，V）和连续分量，比如与曲顶点位置相关的非线性最小二乘惩罚项 f_{requ}。依次对其进行迭代优化，当曲线顶点位置固定时，用上文描述的方法计算各顶点到邻接路径的最近点；当离散成分（ε，V）固定时，应用 Gauss-Newton 方法对优化目标函数求解。

在每次迭代过程中，Gauss-Newton 方法为各顶点计算位移量，以达到优化总体目标函数的目的。f_{requ} 和 f_{smooth} 只依赖于点的坐标，因此维持之前的表达式即可。$|p_i f_{ij}|$ 和 $|p_i p_j|$ 都是非线性的，必须采用某种线性近似予以代替。令 $e_j = p_j - p_{j+1}$，则 $|p_i f_{ij}|$ 被估计为：$|\overline{p_i}\,\overline{f_{i,j}}| \approx |p_i f_{ij}| + g_{ij1}^{\text{T}} d_i + g_{ij2}^{\text{T}} d_j + g_{ij3}^{\text{T}} d_{j+1}$。其中，$g_{ij1}$、$g_{ij2}$ 和 g_{ij3} 被定义为：$g_{ij1} = \dfrac{p_i - f_{ij}}{|p_i f_{ij}|}$，$g_{ij2} = -(1 - t_{ij}) g_{ij1} -$

$g_{ij1}^{\mathrm{T}}e_j\frac{\partial t_{ij}}{\partial p_j}$，$g_{ij3}=-t_{ij}g_{ij1}+t_{ij}g_{ij1}^{\mathrm{T}}e_j\frac{\partial t_{ij}}{\partial p_{j+1}}$。$|p_ip_j|$被估计为$|\overline{p_i}\overline{p_j}|\approx|p_ip_j|+g_{ij}^{\mathrm{T}}(d_i-d_j)$，其中$g_{ij}=(p_i-p_j)/|p_ip_j|$。至此，最小二乘问题的优化目标可以写成：

$$\sum_{i=1}^{N}|d_ir_i|^2+\alpha\sum_{i=1}^{N-2}\|(1-u_i)d_i+u_id_{i+2}-d_{i+1}-r'_i\|^2+$$

$$\beta\sum_{(p_i,\ p_j,\ p_{j+1})\in\varepsilon}(g_{ij1}^{\mathrm{T}}d_i+g_{ij2}^{\mathrm{T}}d_j+g_{ij3}^{\mathrm{T}}d_{j+1}-r_{ij})^2+$$

$$\sum_{(p_i,\ p_j)\in V}(|p_ip_j|+g_{ij}^{\mathrm{T}}(d_i-d_j)-d)^2$$

其中，$r_i=p_i^0-p_i$，$r'_i=p_{i+1}-(1-u_i)p_i-u_ip_{i+2}$，$r_{ij}=d-|p_if_{ij}|$，$r'_{ij}=d-|p_ip_j|$。

采用最小二乘法对该线性系统描述的目标函数进行求解。令d_i^*为最优偏移量，下次迭代时定点位置被更新为$p_i\leftarrow p_i+d_i^*$。当$\max_{1\leqslant i\leqslant N}\|d_i\|<10^{-6}$时，终止 Gauss-Newton 优化。每一次对顶点位置进行优化，就必须重新计算邻近路径最近点。该过程交替进行，直到曲线位置的最大位移小于10^{-5}。通常只需要4~8次迭代即可完成整个优化过程。

2.5 实验结果与分析

为了充分验证算法的有效性，本章针对一系列具有不同凸度和亏格的二维截面区域生成连通费马螺旋线路径，并在路径几何特征、填充制造、实际的打印时间等方面，将其与经典的平行扫描路径和轮廓平行路径进行对比。

2.5.1 实验环境

实际打印实验在固件为 Marlin 1.1.0 RC 的 RepRap Prusa i3 FDM 3D 打印机上进行。打印和分析使用默认的参数设置，打印路径宽度为 0.4 mm，单层厚度为 0.3 mm，喷嘴的最大进给速度为 80 mm/s，打印材料为 PLA，打印线材直径为 1.75 mm，出料率为 100%。打印路径被编写成 Gcode 代码的形式输入打印机。

2.5.2 路径生成

对于体现显著差异的内部或外部结构的二维截面区域，图 2-13 展示了本章算法生成的连通费马螺旋线路径。值得一提的是，图 2-13 中的两个高亏格切片区域和图 2-1 中的“小猫”的打印截面区域，来自 Lu 等人在 ACM SIGGRAPH 2014 大会上发表的“基于蜂窝状多孔结构的三维打印内部支撑结构优化设计”的文章[57]。算法生成的所有费马螺旋线路径，遵循统一的参数设置，无须对特定输入区域进行逐一调节。

本章中展示的所有的平行扫描路径和轮廓平行路径，都来自一款业界非常知名的三维打印路径规划软件 Slic3r[58]。表 2-1 给出了连通费马螺旋线路径、平行扫描路径和轮廓平行路径在路径段数及硬拐角点比例方面的对比

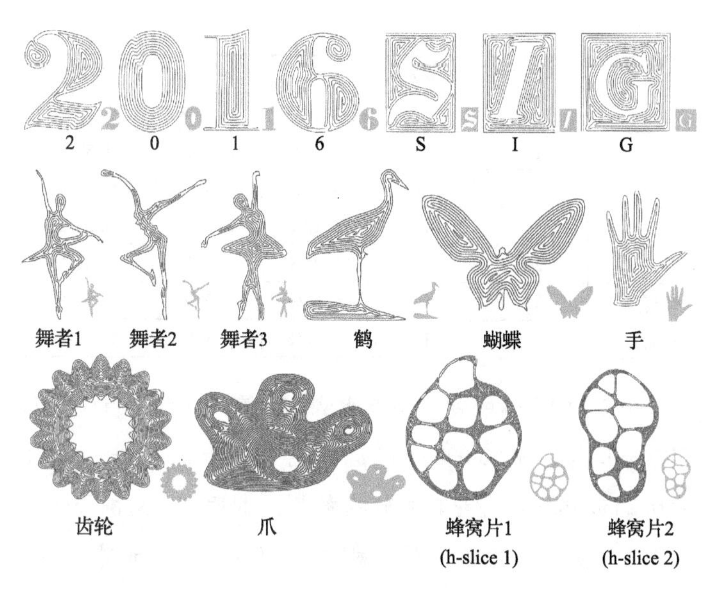

图 2-13 本章生成的连通费马螺旋线，每条路径右下角为打印截面区域

结果。表 2-1 中并没有给出连通费马螺旋线路径的路径段数，因为本章提出的连通费马螺旋线具有全局连续的特征，路径段数都为 1。

表 2-1 连通费马螺旋线路径（F）、平行扫描路径（Z）、轮廓平行路径（C）在路径段数（#seg）和硬拐角点比例（%st）方面的对比结果

输入	#segZ	#segC	%stZ	%stC	%stF
舞者 1	22	14	5.87%	1.40%	**1.38%**
舞者 2	19	10	6.58%	1.55%	**1.08%**
舞者 3	21	13	1.11%	1.19%	**0.81%**

（续）

输入	#segZ	#segC	%stZ	%stC	%stF
鹤	8	17	4.86%	**0.46%**	0.93%
蝴蝶	16	24	1.81%	0.83%	**0.52%**
手	9	11	4.84%	1.07%	**0.56%**
齿轮	51	105	1.18%	2.11%	**0.23%**
爪	20	55	1.25%	0.51%	**0.31%**
蜂窝片 1	53	58	4.35%	1.08%	**0.81%**
蜂窝片 2	47	56	5.12%	0.88%	**0.70%**

表 2-1 中报告的硬拐角点比例的计算方法为：首先沿着路径 π 均匀采样 50 000 个点 p。对于每个点 p，在一个半径为 0.2 mm 的圆内计算其积分曲率[59]。本章中定义积分曲率为相关小圆中较小部分的面积小于 30%的点为硬拐角点。表 2-1 中给出了如此定义的硬拐角点在所有 50 000 个采样点中的比例。可以看到，本章提出的费马螺旋线路径硬拐角点的比例显著低于平行扫描路径，与轮廓平行路径相比也具有相当的可比性。

对于图 2-13 中的部分路径，表 2-2 给出了算法运行时间，包括路径初始构造的时间和优化阶段所用的时间。同时，表 2-2 还报告了路径生成过程中的统计信息，涉及区域距离标量场极大值点的个数以及生成过程中新连接点的个数。在连通费马螺旋线的生成算法中，初始构造阶段的算法用 C++语言实现，路径优化部分的算法用 MATLAB 程序实现。表 2-2 中程序运行时间数据是在一台 16 GB 内存的 Intel®

Core™ i7-6700 CPU 4.0 GHz 台式机上测试得到的。

表 2-2 路径统计信息和算法运行时间，包括区域距离标量场极大值点的个数（#*P*）、新连接点的个数（#*R*）、路径初始构造的运行时间（CFSt(*s*)）和优化阶段的运行时间（OPt(*s*)）

输入	#*P*	#*R*	CFSt(*s*)	OPt(*s*)	Total(*s*)
舞者 1	4	31	0.25	1.676	1.926
舞者 2	6	27	0.297	1.59	1.887
舞者 3	4	33	0.203	7.085	7.288
鹤	2	42	0.125	1.917	2.042
蝴蝶	4	51	0.359	4.479	4.838
手	1	30	0.125	7.277	7.402
齿轮	19	143	0.766	8.978	9.744
爪	8	147	0.813	9.429	10.242
蜂窝片 1	22	148	0.834	7.092	7.926
蜂窝片 2	22	145	0.95	7.412	8.362

2.5.3 填充质量

由于路径间距分布的不均匀性，在打印过程中往往会发生欠填充（under filling）和过填充（over filling）的现象。欠填充和过填充的现象在实际打印的成品中非常难以量化，本章采用一种较为简单的几何估计的方法，展示连通费马螺旋线路径在欠填充和过填充方面的表现。沿着路径曲线在截面区域中拓展出宽度为 w 的路径，将路径相交的部分记为过填充的区域，没有被加宽路径覆盖到的区域记为欠填充的区域。

图 2-14 分别展示了路径优化之前、路径优化中只考虑均匀路径间距的约束以及路径优化中同时考虑均匀路径间距和平滑性的约束三种情况下对应的欠填充与过填充情况。可以发现，路径优化中的平滑项会增加欠填充区域的面积，尤其在路径拐角区域。

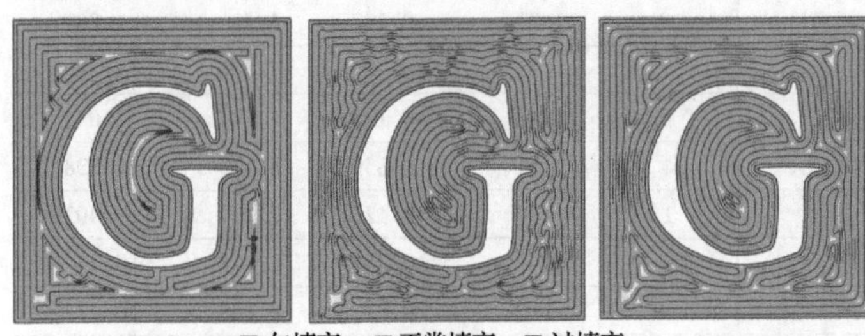

□ 欠填充　■ 正常填充　■ 过填充

a）路径优化之前　b）路径优化中只考虑均匀路径间距的约束　c）路径优化中同时考虑均匀路径间距和平滑性的约束

图 2-14　连通费马螺旋线的欠填充和过填充区域

总的来说，路径优化步骤往往会增加欠填充现象并减少过填充现象。当前的路径优化方案由于有限的曲线移动范围设定，并不能填充所有的路径间隙。例如，曲线不能被拉长以减轻底部填充。在尖角和转弯附近，在曲线的平滑性和路径间距之间需要做出权衡。由于欠填充区域往往较少出现并且相互分布距离较远，因此，如果有一种允许曲线拉伸的算法，可能会达到更好的效果，这也是本书未来的研究工作之一。

2.5.4 外观质量

对于图 2-13 中的四种二维区域（‘S’、齿轮、两个蜂窝状支撑结构切片），图 2-16 给出了分别用三种路径进行打印填充的切片照片。图 2-15 左下角和右下角的柱状图，分别绘制了四种二维区域中生成的三种路径的欠填充和过填充质量的统计数据。

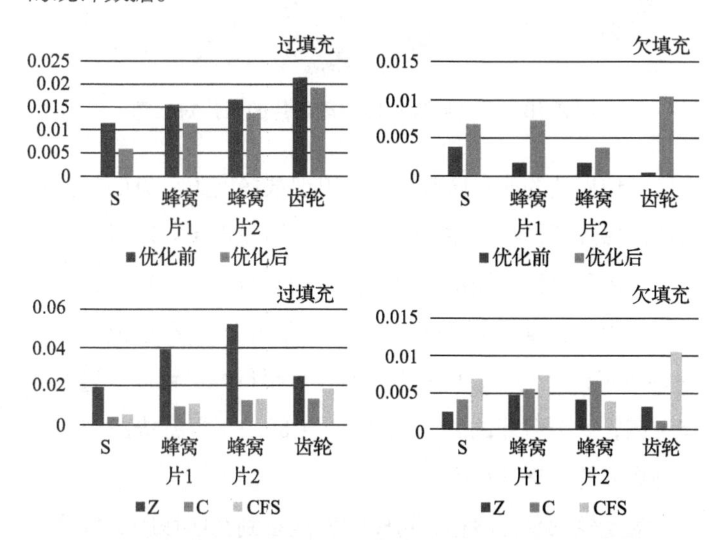

图 2-15 上图是四种连通费马螺旋线曲线优化前和优化后的欠填充与过填充统计信息对比，下图是三种路径的欠填充和过填充统计信息对比

从切片的外观来看，平行扫描路径的填充质量较好，并且喷嘴挤出的材料填充得也比较均匀。然而，平行扫描路径

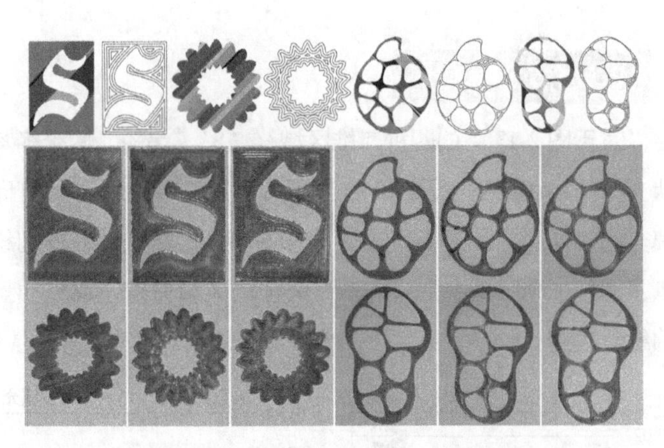

图 2-16　三种路径实际打印切片的照片对比图

在区域边界处的填充质量较差，出现很多肉眼可见的锯齿状结构。另外两种路径在区域边界处的填充质量则较好。另一方面，由于平行扫描路径中有很多相互断开的路径段，在切片照片中可以看到在路径连接处的填充质量不是很好。如图 2-15 所示，与另外两种路径相比，平行扫描路径的过填充率过高，一个可能的原因是 Slicer 生成的平行扫描路径在区域边界处的距离略小于 $0.5w$。

对于轮廓平行路径，可以明显地看到在区域距离标量场的极大值处以及轮廓邻接区域附近的填充质量不是很好。相比之下，连通费马螺旋线路径的填充质量整体上来说更好一些，打印切片中肉眼可见的瑕疵更少一些。如上文分析的那样，由于当前路径优化部分的问题，连通费马螺旋线的欠填充率会比较高，有机会在未来工作中加以改进。此外，需要额外说明的是，三维打印机本身在机械结构控制等方面的缺陷也有可能反映在打印切片的视觉外观质量上。

图 2-17 展示了连通费马螺旋线和平行扫描路径的多层打印切片。该多层打印模型由 50 层图 2-13 中的“齿轮”区域中生成的连通费马螺旋线和平行扫描路径打印生成，最终的打印成品高约 10 mm。对于连通费马螺旋线，从图中可以明显看到欠填充现象。对于产生这一现象的原因，上文做出了相关分析。对于连通费马螺旋线，如图 2-17a 所示，内部填充质量较为致密，可能的原因在于 Slicer 生成的平行扫描路径在相邻层的方向是交错规划的。从侧视图来看，连通费马螺旋线的表面质量更为平滑。当然，平行扫描路径的外表面打印质量可以通过先在区域轮廓的最外部区域生成几条轮廓平行路径加以改善。

a）连通费马螺旋线

b）平行扫描路径

图 2-17　连通费马螺旋线和平行扫描路径的多层打印模型

2.5.5 打印时间

应用三种路径规划方法，在 RepRap Prusa i3 FDM 3D 打印机上打印五种二维轮廓区域，图 2-18 展示了记录的实际打印时间。可以看到，连通费马螺旋线的打印效率普遍较高。对于简单形状的二维轮廓区域，平行扫描路径具备一定的竞争优势。然而随着二维轮廓区域复杂性的提高，连通费马螺旋线的优势越来越明显。而轮廓平行路径由于过于频繁地出现喷嘴开关操作，需要花费很多的打印时间。

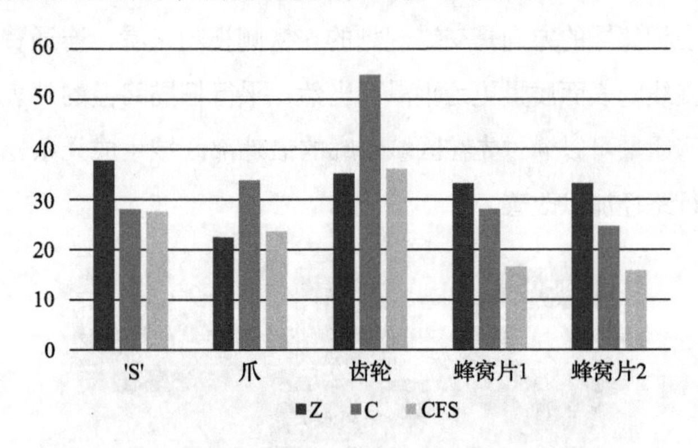

图 2-18　三种路径实际打印时间的比较

2.5.6 迷宫路径

如图 2-19 所示，将连通费马螺旋线与一种通过随机演化生成的曲线做了对比[51]。结果变得更加直观：如果通过更好的一致性来奖励进化，则可能使得生成的曲线更好地跟随输入形状边界。然而，曲线演化的方法将曲线路径内向侵蚀，因此它不太可能像本章提出的费马螺旋线一样同时保持平滑性和具备跟随边界生成的特征。而且，曲线的局部随机扰动可能会导致更多的硬拐角出现。

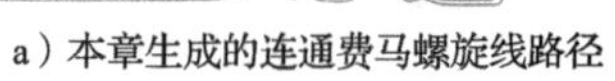

a）本章生成的连通费马螺旋线路径

b）Pedersen和Singh等人生成的迷宫路径[51]，需要说明的是该图中的外边界轮廓是迷宫路径的输入并不属于文章［51］生成的迷宫路径

图 2-19　迷宫路径对比

2.6　本章小结

本章将费马螺旋线引入空间填充曲线的生成中，详细阐述了费马螺旋线作为一种新的空间填充曲线基础图案式样的优良特性，并提出了一种从区域距离标量场提取的等值线生成螺旋线的算法，进而描述了一种连通费马螺旋线生成算

法。为了进一步优化生成路径的平滑性和路径间距的均匀性，本章提出了一种后处理步骤，即在路径间距一致的约束条件下，通过局部优化方法对初始化构造的连通费马螺旋线进行平滑处理。在实验中，将连通费马螺旋线应用到三维打印的截面填充路径规划中，并将其与现有的三维打印路径进行比较，证明了应用连通费马螺旋线路径规划算法能够显著提升打印质量并缩短打印时间。

第3章

减材制造的路径规划

3.1 引言

与增材制造相比，减材制造是一种历史非常悠久的制造工艺。数万年前还处于茹毛饮血时期的人类，用敲击的方式将石块多余的部分去除，制作趁手的工具从事各种狩猎或农业生产活动，可以说这就是最早期的减材制造过程。20世纪40年代，随着第一台手动控制机床的诞生，“减材制造”进入数控加工的时代。数控加工按照工艺分类，可以分为车、铣、刨、磨。

由于具备加工自由度高的优势，其中铣削加工最常用于复杂自由曲面的加工。数控加工的加工流程，包括粗加工、精加工和后清理。该加工过程中的每一阶段都需要进行相应的路径规划，路径规划的好坏不仅直接影响最终的加工质量和加工效率，还影响刀具的使用寿命等。

本章关注复杂自由曲面精加工阶段的路径规划问题，需要考虑到的核心约束有规划路径的连续性、平滑性以及等残留高度的特性。本章拟将第 2 章提出的满足全局连续性和平滑性的连通费马螺旋线，应用于数控加工路径规划中，并拓展其满足等残留高度的特征，如图 3-1 所示的等残留连通费马螺旋线。我们将生成等残留路径规划的约束，转化成对一个自适应距离标量场的计算。最终，通过实际的加工实验与已有的路径规划方法对比表明，本书所提供的方法可以在满足加工质量的前提下显著提升加工效率。

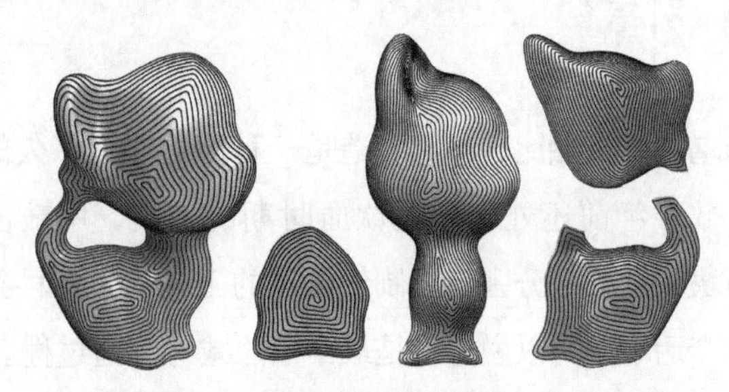

图 3-1　等残留连通费马螺旋线

3.2　相关工作

对于复杂自由曲面的数控加工的路径规划，已经出现了众多面向数控加工的路径规划，相关工作部分只是列举其中最重要的一些代表工作和方法[60-63]。

已有方法可以粗略地分为参数法和导动面法[64]。参数法，通过某种参数化方法将三维自由曲面映射到二维平面区域，先在二维平面区域生成路径，之后将生成的规划路径反向转换到原三维自由曲面[65]。导动面法，借助一系列预先计算的“导动”曲面，通过与原自由曲面投影或相交操作计算刀具路径。在机械加工领域，最常用的导动面法为等截面法，借助一组相互平行的空间截面截取待加工曲面及其偏置面，获得的交线轨迹即为刀触点轨迹，与偏置面的交线为刀位点轨迹[66]。等截面法中平行截面朝向的优化计算，与增材制造中切片方向的计算类似[67]，将会影响后续的路径规划。

3.2.1 路径基本式样

关于路径规划的基本式样，与增材制造对照来看，比较常见的是平行扫描路径[68]、轮廓平行方法[69] 和空间填充曲线[70-71]。如图 3-2 所示，平行扫描路径根据走刀方向是否存在往复，可分为单方向路径和往复方向路径，广泛应用于工业 CAM 系统中[72-73]。平行扫描路径，一般具有计算便捷和鲁棒性好的优点，缺点是存在很多小短边和剧烈拐点，影响加工效率和加工质量。轮廓平行方法，由加工曲面边界的偏置生成[69]，优势在于生成的路径光顺性较好，在几何特征上较为平滑；缺点是计算复杂性比较高且路径不连续，包含大量的进退刀。空间填充曲线，已有方法主要是利用分形理论生成能够遍历整个曲面的曲线，优点是有很好的连续性和参数区间上分布的均匀性，能够有效减少抬刀次数，消除切削过程中的空行程；缺点是轨迹频繁换向，在加工过程中影响加工效率和表面质量。如第 2 章相关工作部分所述，螺旋线路径在增材制造中的应用并不广泛。然而，螺旋线路径在数控加工中的应用则广泛得多，尤其是应用于三轴数控机床加工“型腔”结构[74-75]。

图 3-2　数控加工常用路径基本式样

3.2.2　等残留高度

数控加工路径规划需要考虑的主要几何特征有路径的平滑性、连续性，以及均匀残留分布相关的路径间距约束[60]。铣削加工中，通常用最大残留高度来表征用户预期的表面加工质量，即要求加工完成后曲面上残留的高度不能超过设置的最大残留高度[76]，如图 3-3 所示。铣削残留高度与规划路径的路径间距是直接相关的。增材制造路径规划中要求路径间距一致，不均匀的路径分布会导致欠填充或过填充的问题。数控加工中的“欠填充”意味着由于路径间距过大，分布过于稀疏，导致刀具切削不到位，遗留过多的残留；而“过填充”在铣削加工中对应着“过加工”，意味着加工路径过于致密且重复，影响加工效率的提升。最理想的情况为，加工完成后曲面上的残留高度恰好等于最大残留高度，这种路径被称为等残留路径[75]。等残留路径可以有效地避免刀具重复走刀过程，加工效率和加工质量都得到很大提高。大部分等参数法和等截面法，都不能满足等残留高度的约束，在待加工曲面生成的路径中只有少部分能接近残留高度的约束上限，因此极大地限制了加工效率的提升[60]。

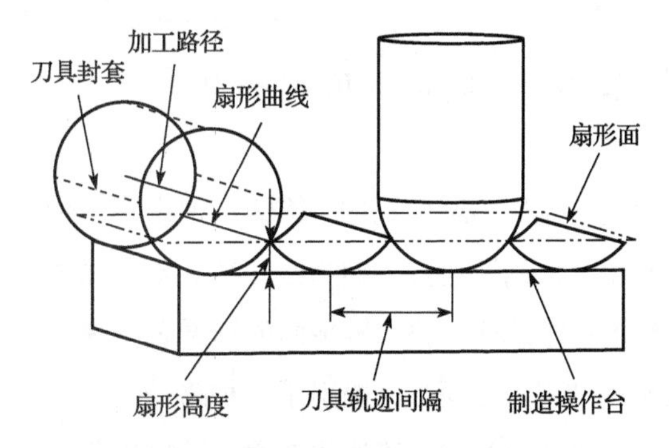

图 3-3 数控加工曲面的几何描述[77]，相邻球头刀具路径切削后遗留的未加工部分称为加工残留（scallop curve）

3.2.3 连续性和平滑性

与增材制造相比，高速铣削加工（High-Speed Machining，HSM）时，路径的连续性和平滑性对整个减材制造的加工效率和质量的影响更大。在 HSM 的高进给速度设置下，任何的“撤刀”“回刀”操作和刀具通过硬拐角都会不可避免地产生减速过程，严重影响加工质量和效率[75][78]。数控领域出现了很多以优化路径的平滑性和连续性为目标，应用费马螺旋线或双螺旋曲线的工作[74][75][79][80]，但是这些工作都没有考虑等残留高度的约束。已有的等残留高度方法[81-83]大多生成的是平行扫描路径或轮廓平行路径。据我们所知，本书是第一次尝试提出一种应用费马螺旋线的等残留高度路径规划算法。

3.3 等残留连通费马螺旋线

对于增材制造的路径规划，第 2 章提出了一种满足全局连续性和平滑性的连通费马螺旋线路径。本章探索了连通费马螺旋线的三维形式，将二维平面的连通费马螺旋线生成算法拓展到三维自由曲面上，提出了一种路径间距可变的连通费马螺旋线生成算法——等残留连通费马螺旋线。

为了获得均匀分布的残留高度，自由曲面上的路径间距需要根据相邻路径对应点处的方向曲率去调节[84]。针对用户指定的最大残留高度，自由曲面不同采样点处的方向曲率对应不同的路径间距约束，本章将自由曲面各采样点不同的路径间距约束统一在一个与约束相关的距离标量场的迭代求解中。从该约束相关的距离标量场中抽取出残留高度等值线，恰恰满足均匀残留高度的路径分布约束，并将提取的等值线连接为连通费马螺旋线，最后对生成的连通费马螺旋线进行平滑处理。本节将具体描述等残留连通费马螺旋线的生成过程。

等残留连通费马螺旋线路径规划算法，主要分为三个步骤：①给定连通的自由曲面，计算距离标量场，所述距离标量场满足均匀残留高度约束；②提取所述距离标量场中的等值线，生成连通费马螺旋线；③在最大残留高度约束下，对生成的连通费马螺旋线进行平滑处理。其中步骤 2 主要通过将第 2 章连通费马螺旋线的算法拓展到三维曲线实现的，具体算法细节请参见第 2 章[79]。下文将主要对步骤 1 和步骤 3 进行详细描述。

对于步骤 2 中费马螺旋线的生成算法，图 2-7 展示了算法在初始的费马螺旋线生成阶段就出现很多 90° 的硬拐角，只能通过后续的路径优化步骤进行处理。这些硬拐角主要出现于用小短线直接连接断开和重新连接相邻的两封闭等值线路径的过程中。在费马螺旋线生成过程中用短斜线代替短直线连接，能够有效地减少费马螺旋线初始构造过程中产生的硬拐角数量，经过路径优化之后的连通费马螺旋线路径明显取得了更好的平滑性效果，图 3-4a 所示为第 2 章费马螺旋线生成算法生成的路径，图 3-4b 所示为斜线边生成的连通费马螺旋线。

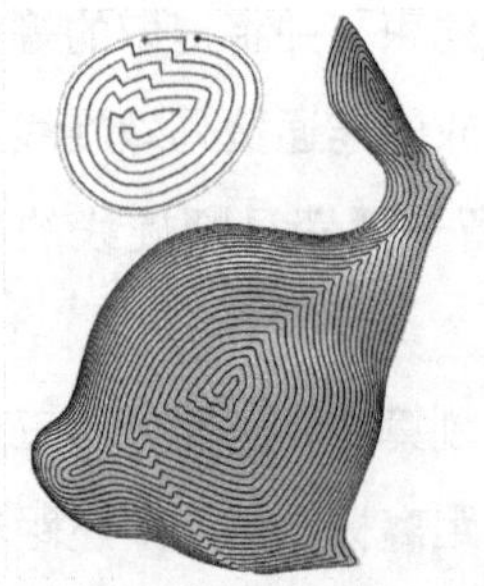

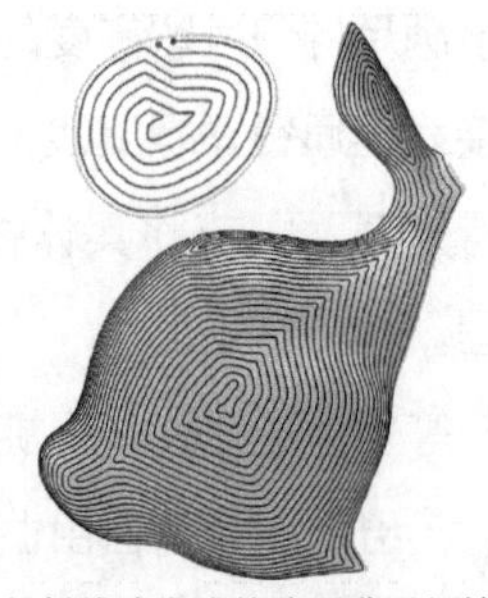

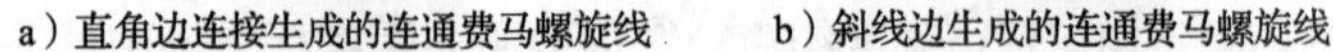

a）直角边连接生成的连通费马螺旋线　　b）斜线边生成的连通费马螺旋线

图 3-4　费马螺旋线生成过程中用短斜线代替短直线连接

3.3.1　残留距离场

如前文所述，在铣削精加工过程中残留高度与相邻路径对应点处的方向曲率存在一一对应关系[84]。给定自由曲面 S，令 p 为曲面 S 上铣削路径 Π 上的某采样点，点 p 通过路径 Π 切线的垂直方向的方向曲率记为 $G(p,\ \Pi)$。Kim 等人指出[84]，为了满足用户指定的残留高度 h，点 p 处的刀具路径间距 $g(p,\ \Pi)$ 为：

$$g(p,\ \Pi)=\sqrt{\frac{8hR_{\text{cutter}}}{1+R_{\text{cutter}}G(p,\ \Pi)}},\ R_{\text{cutter}}\gg h$$

其中，h 为最大残留高度，R_{cutter} 为球头刀刀头半径，$G(p,\ \Pi)$ 为通过点 p 垂直于路径 Π 前向切线的方向曲率，$g(p,\ \Pi)$ 为曲面采样点 p 在最大残留高度 h 约束下，通过刀具路径 Π 的路径间距。

等残留高度的约束，被转化为对一个自由曲面 S 的方向张量场 $\boldsymbol{G}$ 相关的距离标量场的迭代求解，通过提取该距离标量中的等值线为初始的计算连通费马螺旋线的初始轮廓平行路径。一旦该距离标量计算完成，自由曲面 S 的区域轮廓 ∂S 即为零等值线，其他等值线通过依次增加与边界的距离值从距离标量场中提取得到。

很容易想到 fast marching 方法看起来也可以用于提取满足等残留高度的等值线路径，由当前的等值线 $g \mid L_i$ 通过逐点向内偏置遍历的方法生成下一条等值线 $g \mid L_{i+1}$。然而这种方法往往并不稳定，由于缺少全局性，直接由上一条等值线生成的下一条等值线 $g \mid L_{i+1}$ 常需要经过裁剪处理，而且在这一逐步生成的过程中容易产生累计误差。另一方面，在从等值线 $g \mid L_i$ 生成 $g \mid L_{i+1}$ 的过程中，每个采样点向内偏置距离的计算需要依赖于 $g \mid L_{i+1}$，然而 $g \mid L_{i+1}$ 等值线还未生成。在这种状态下，只能采取某种近似计算方法，这不可避免地会引入误差。本书采用一种迭代的方式计算一种具有全局性的满足残留高度约束的距离标量场，直接从得到的距离标量场中提取等值线即满足等残留高度的约束。

以自由曲面 S 的区域边界 ∂S 为边界条件，计算得到曲面 S 内部各采样点到边界 ∂S 的测地距离，由此形成了曲面 S 的一个测地距离场。从该测地距离场中提取的等值线，两两间的路径间距是一致的，但这并不满足等残留高度的要求。

我们的基本思路为将曲面 S 各采样点 p_i 的理想路径间距 $g(p,\Pi)$，作为某种约束加入到测地距离场的计算中，生成一种等残留高度约束相关的距离场。距离场中采样点 p_i 的梯度方向作为计算理想路径间距 $g(p_i,\Pi)$ 所用的方向曲率的方向。在极短的时间周期内，热量传播的梯度场与测地距离场的梯度一致，基于该理论，Crane 等人对于网格曲面 S 上的测地距离计算，通过求解一个偏微分方程（PDE）能够很好地计算出近似测地距离场[85]。受 Crane 等人工作的启发，本节定义了一个考虑等残留高度约束的偏微分方程：

$$(\boldsymbol{A}-t\boldsymbol{L}_c\otimes\boldsymbol{H})\mu=\delta_\gamma$$

其中，$\boldsymbol{A}$ 为描述三角面片面积的对角矩阵，$\boldsymbol{A}^{-1}\boldsymbol{L}_c$ 定义了拉普拉斯矩阵，$\boldsymbol{L}_c$ 描述了三角网格点邻接关系的对角矩阵，δ_γ 为初始热量分布的边界条件。$\boldsymbol{H}$ 与 $\boldsymbol{L}_c$ 一样也是三角网格点邻接关系的对角矩阵，$\boldsymbol{H}$ 为一个融合了各采样点 p_i 理想路径间距 $g(p_i,\Pi)$ 信息的对角矩阵，$\boldsymbol{H}$ 矩阵的每一项 $H_{i,j}$ 描述了三角网格采样点 p_i 和 p_j 的邻接信息。若 p_i 和 p_j 不存在邻接关系，$H_{i,j}$ 设置为无限大；若 p_i 和 p_j 存在邻接关系，$H_{i,j}$ 设置为点 p_i 和 p_j 对应路径间距 $g(p_i,\Pi)$ 和 $g(p_j,\Pi)$ 的平均值。$\otimes$表示对角矩阵 $\boldsymbol{L}_c$ 和 $\boldsymbol{H}$ 对应项相乘。

为了使得等残留高度约束相关的距离标量场中提取的等值线上各点的路径间距恰巧满足该点理想的路径间距，需要多次迭代计算等残留高度约束相关的距离标量场。其基本过程为，首先直接应用 Crane 等人的方法计算原始的测地距离场，从距离场中提取曲面 S 各采样点 p_i 的梯度方向作为计算方向曲率 $G(p_i, \Pi)$ 的方向，通过点 p_i 的方向曲率 $G(p_i, \Pi)$ 获得该点的理想路径间距 $g(p_i, \Pi)$，带入前文定义的考虑等残留高度约束的偏微分方程公式中，求得新的等残留高度约束相关的距离标量场。

图 3-5a 所示为从初始的测地距离场中提取的等值线，图 3-5b 为经过一轮迭代后的等残留高度约束相关的距离标量场中提取的等值线，图中红色短线可视化了曲面 S 各采样点 p_i 的理想路径间距 $g(p_i, \Pi)$。通常，只需要 2~3 次迭代就可以满足收敛要求。图 3-6a、b 所示分别对测地距离场和残留距离场中提取的等值线的残留高度进行了可视化，可以看到优化之后的残留分布更加均匀。

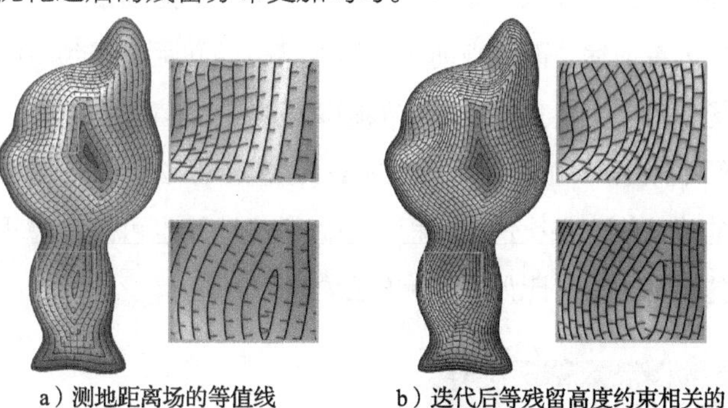

a）测地距离场的等值线　　b）迭代后等残留高度约束相关的距离标量场等值线

图 3-5　等残留高度约束相关的距离标量场的迭代计算，图中红色短线可视化了曲面上各采样点的理想路径间距（见彩插）

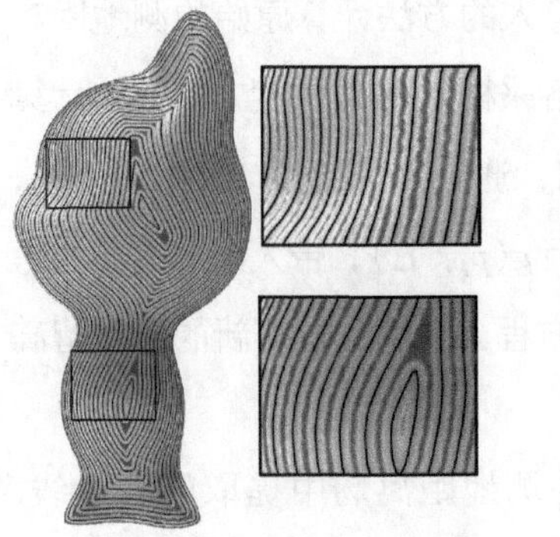

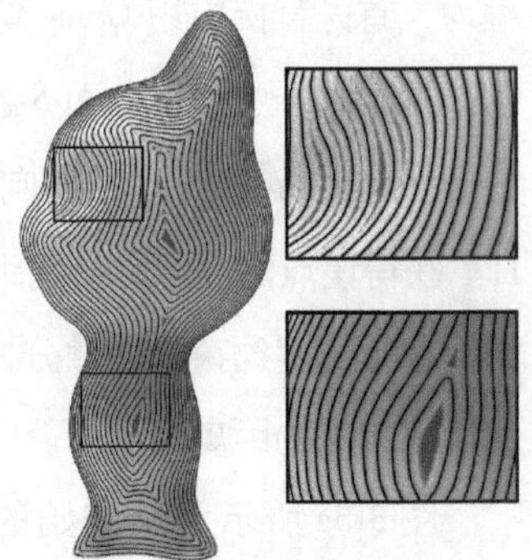

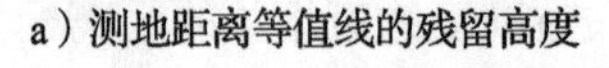

a）测地距离等值线的残留高度

b）残留距离场的等值线路径对应的残留高度

图 3-6 残留高度可视化（见彩插）

需要说明的是，残留距离场的计算采用了一种迭代求解的方法。残留距离场无法在一次计算过程中完成的核心原因是曲面 S 各采样点 p_i 的理想路径间距的计算必须依赖于已经存在的等值线，而将当前各点的理想路径间距应用到新的距离场计算中又会直接更改结果距离场中的等值线提取，因此我们采用了一种迭代求解逐步减少误差的方法计算等残留高度的等值线。每次迭代过程中距离场的计算也可以考虑用其他的计算方法，比如 STVD 方法[86]。

3.3.2 路径优化

路径优化的目的是在曲面 S 各采样点 p_i 理想路径间距 $g(p_i, \Pi)$ 的约束下，对生成的等残留连通费马螺旋线 Π 进行平滑处理。路径间距的约束如下。

1）曲面 S 各采样点 p_i 当前的路径间距中的极大值不能大于 $g(p_i, \Pi)$，简写为 g，即曲面 S 中最大空圆的半径不大于 $g/2$。

2）曲面 S 各采样点 p_i 当前的路径间距中的极小值越接近 $g(p_i, \Pi)$ 越好。

不妨假设自由曲面 S 的采样点为 $\{p_i\}_{i=1}^{k}$，基于连通费马螺旋线 Π 各处的曲率动态选取路径采样点为 $\{x_i\}_{i=1}^{n}$。路径优化的基本思路为通过优化如下目标函数，使用拉普拉斯平滑的方式对路径采样点 $\{x_i\}_{i=1}^{n}$ 进行迭代更新：

$$\frac{\mathrm{d}x_i}{\mathrm{d}t} = \lambda_1 T_{\mathrm{Smooth}} + \lambda_2 T_{\mathrm{Attraction}} + \lambda_3 T_{\mathrm{Repulsion}}$$

其中，T_{Smooth}、$T_{\mathrm{Attraction}}$、$T_{\mathrm{Repulsion}}$ 分别为拉普拉斯算子的平滑项、引力项和斥力项。λ_1、λ_2、λ_3 为各项权重，$\lambda_1+\lambda_2+\lambda_3=1.0$。目标函数中的 t 可以理解为迭代次数。T_{Smooth} 描述当前点 x_i 与其前后相邻点 x_{i-1} 和 x_{i+1} 的差异，$T_{\mathrm{Smooth}}\big|_{x_i} = \frac{x_{i-1}+x_{i+1}}{2}-x_i$；$T_{\mathrm{Attraction}}$ 描述点 x_i 附近的最大空圆的圆心作为引力中心点 $\{q_i\}_{i=1}^{m}$ 对路径采样点 $\{x_i\}_{i=1}^{n}$ 的吸引作用力；$T_{\mathrm{Repulsion}}$ 描述相邻路径上的采样点对路径采样点的排斥作用力。

为了满足路径间距第一条的约束，首先在曲面 S 采样点 $\{p_i\}_{i=1}^{k}$ 中计算一组空心圆使得：①这些空心圆的半径都大于

$g/2$；②任意两空心圆圆心的距离都不小于 g。将计算得到的这组空心圆的圆心记为 $\{q_j\}_{j=1}^{k}$，称之为锚点。引力项 $T_{\text{Attraction}}$ 的作用是对锚点 $3g/2$ 距离范围内的路径采样点 $\{x_i\}_{i=1}^{n}$ 产生吸引力。令 $r_j\left(>\frac{g}{2}\right)$ 为锚点 q_j 与路径 Π 的最近距离，如图 3-7 所示。引力项 $T_{\text{Attraction}}$ 的具体定义为：

$$T_{\text{Attraction}}\big|_{x_i} = \frac{\sum_{\|x_i-q_j\|_{3g/2}} \frac{r_j - g/2}{\|x_i - q_j\|_g - r_j + \varepsilon} \times \left(1 - \frac{g/2}{r_j}\right) \times (q_j - x_i)}{\sum_{\|x_i-q_j\|_{3g/2}} \frac{r_j - g/2}{\|x_i - q_j\|_g - r_j + \varepsilon}}$$

其中，如果点 x_i 恰好是点 q_j 到路径 Π 的最近点，则 $\left(1-\frac{g/2}{r_j}\right)\times(q_j-x_i)$ 能够将 x_i 与 q_j 距离收缩为 $g/2$。如果点 x_i 不是点 q_j 到路径 Π 的最近点，则权重项 $\frac{r_j-g/2}{\|x_i-q_j\|_g-r_j+\varepsilon}$ 可以加强点 q_j 对点 x_i 的吸引力。

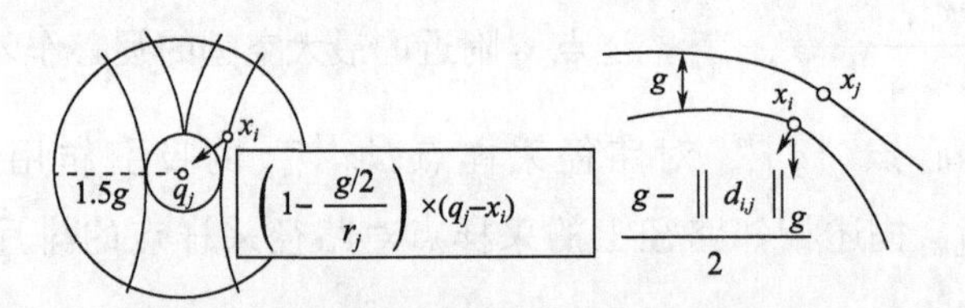

图 3-7　路径优化引力项和斥力项的计算

如图 3-7 所示，对点 x_i 的斥力项定义为与 x_i 距离小于 g 的路径 Π 上的其他点 x_j，$\|d_{i,j}\|_g<h$。满足该要求的点可能不止一个，斥力项定义为一种加权形式：

$$T_{\text{Repulsion}}\big|_{x_i}=\frac{\sum_{\|d_{i,j}\|_g<h}\frac{1}{\|d_{i,j}\|_g+\varepsilon}\times\frac{g-\|d_{i,j}\|_g}{2}\times\frac{x_i-x_j}{\|d_{i,j}\|_g}}{\sum_{\|d_{i,j}\|_g<h}\frac{1}{\|d_{i,j}\|_g+\varepsilon}}$$

设置$\frac{g-\|d_{i,j}\|_g}{2}\times\frac{x_i-x_j}{\|d_{i,j}\|_g}$项是为了考虑当 x_i 和 x_j 同时远离对方时，二者之间的距离能够恰好是 g。当二者距离非常接近时，权重项$\frac{1}{\|d_{i,j}\|_g+\varepsilon}$是为了加强 x_i 和 x_j 之间的排斥力。

目标函数的各项参数默认取值：$\lambda_1=0.6$，$\lambda_2=0.2$，$\lambda_3=0.2$，$\varepsilon=10^{-4}$，优化过程的终止条件设置为前后两次的最大空圆的半径大小变化小于 g 的 5%。在我们当前的实验中，测试的自由曲面的体积都在 50mm×60mm×70mm 范围内，曲面 S 上的采样点 $\{p_i\}_{i=1}^{k}$ 的个数为 80K，并通过蓝噪声采样的方式确定采样点的位置。对于更大体积的自由曲面，所用的采样点个数需要相应增加。

图 3-7 所示为一个路径优化迭代过程的具体实例，图中展示的每次迭代过程的下标为迭代次数。图 3-8g 绘制的曲线为迭代过程中最大空圆的半径大小变化情况（蓝色），以及路径间距中的极小值的变化情况（红色）。图 3-9 所示为路

径优化前后的等残留连通费马螺旋线路径。

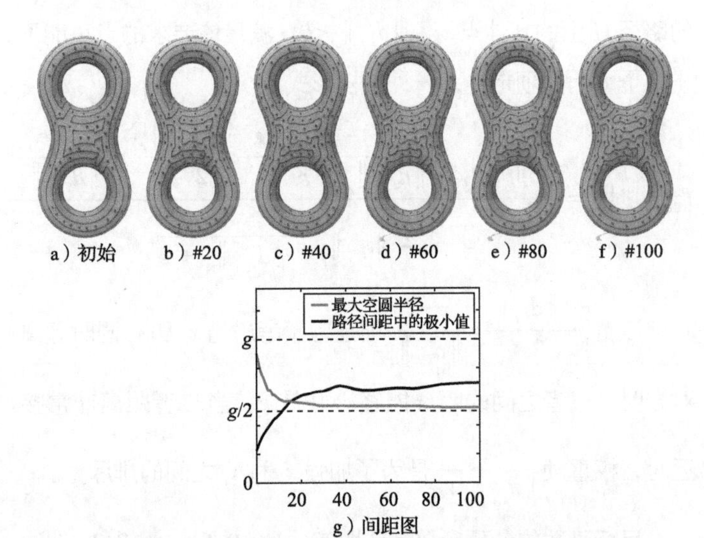

图 3-8　路径优化迭代过程示例，图 3-8g 曲线图给出了迭代过程中最大空圆的半径大小变化情况（蓝色曲线），以及路径间距中的极小值的变化情况（红色曲线）（见彩插）

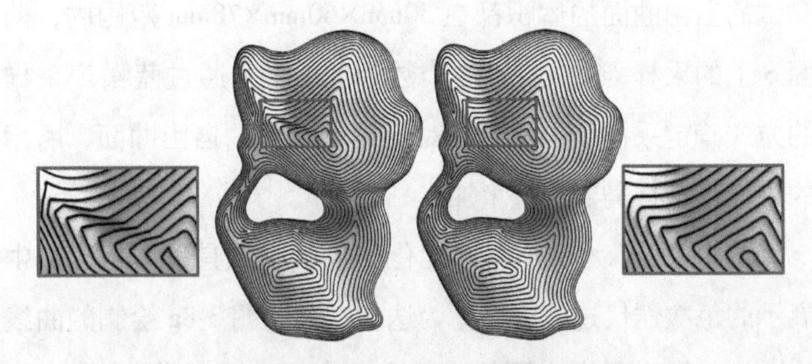

图 3-9　路径优化的效果实例

3.4 实验结果与分析

为了充分验证算法的有效性，本章针对一系列具备不同复杂度的自由曲面生成等残留连通费马螺旋线路径，并在路径几何特征、实际的打印时间方面，与经典的平行扫描路径和轮廓平行路径进行对比。

3.4.1 路径生成

本章提出的路径生成算法的实现语言为 C++。实际加工实验中相关参数设置为：精加工球头刀具直径为 4.0 mm，最大残留高度设置为 0.02 mm。然后，为了更好地展示路径，本章中路径生成的结果图中设置的最大残留高度为 0.045 mm。在路径生成过程中采用统一的参数设置，残留距离场生成步骤采用默认的参数设置，路径优化阶段经过约 40 次迭代。

图 3-10 所示为算法对于不同的自由曲面生成的等残留连通费马螺旋线路径。用于展示路径结果的自由曲面具备不同的轮廓凹度及不同复杂程度的内部结构，展示了算法的一般性和鲁棒性。为了更清楚地可视化生成的螺旋线路径，我们刻意降低了路径的分辨率。

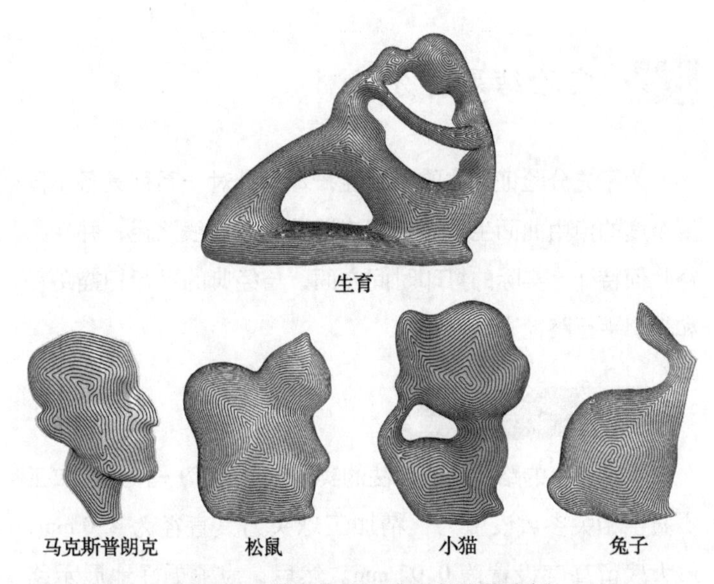

图 3-10　等残留连通费马螺旋线实例

3.4.2　实际加工

我们的实际加工实验在五轴数控机床 CNC 6040 2200W 上进行，应用一种可加工的树脂材料（代木）作为实验材料。五轴数控机床的相关参数如下，球头刀直径为 4.0 mm，最大进给速度为 500 mm/min，路径弦差为 0.001 mm，机床主轴速度为 15 000 r/min。G 代码用于输入机床进行实际的加工实验。图 3-11 所示为用本章生成等残留连通费马螺旋线加工自由曲面的真实照片，特写图片展示了加工残留的细节情况。

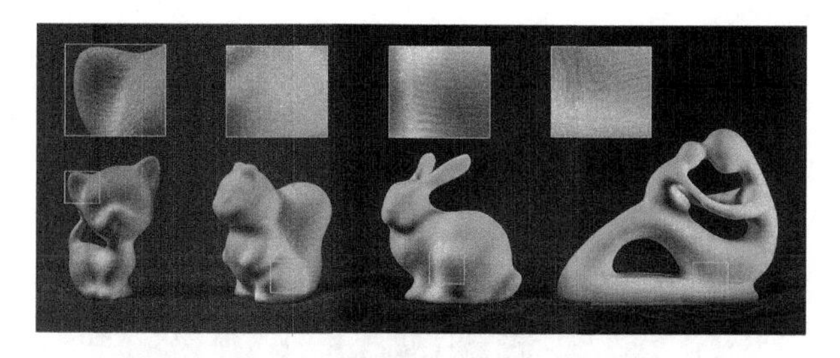

图 3-11　实际加工的自由曲面

3.4.3　路径对比

最常见的两种 CNC 刀具加工路径是平行扫描路径和轮廓平行路径。用于做对比的平行扫描路径和轮廓平行路径，都取自 Siemens PLM Software 软件包[87]。Siemens PLM Software 软件包，也被称为 NX Unigraphics，是一种机械领域常用的 CAD/CAE/CAM 软件。图 3-12 展示了等残留连通费马螺旋线路径与平行扫描路径、轮廓平行路径的残留高度的可视化结果相比，本章提出的路径的残留高度更加均匀。

表 3-1 所列为等残留连通费马螺旋线路径、平行扫描路径和轮廓平行路径在路径段数、硬拐角点比例和实际的加工时间方面的对比结果。可以看到，等残留连通费马螺旋线路径具有全局连续的特征，路径段数都为 1，而平行扫描路径和轮廓平行路径完成自由曲面的加工都需要较多的路径段数。随着曲面边界或内部复杂程度的提高，需要的路径段数逐渐增多，比如其中的生育和小猫曲面。加工时间的对比结

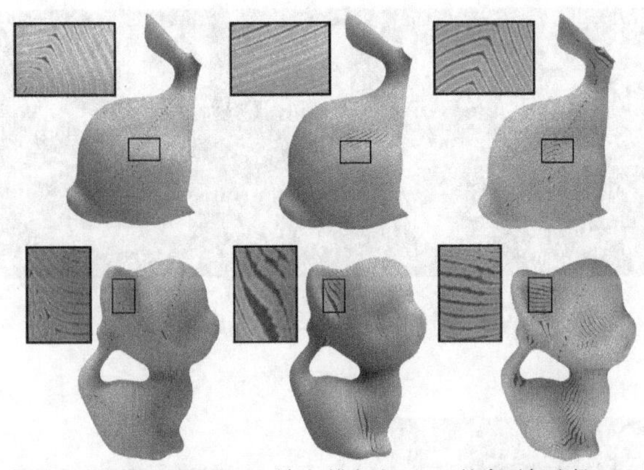

图 3-12　残留高度可视化，深红色标记区域为残留区域（见彩插）

果也证明了等残留连通费马螺旋线路径具备更高的加工效率。需要说明的是，为了计算加工路径的硬拐角的数量，本章采取了与第 2 章类似的基于积分曲率的计算方法，可以看到，等残留连通费马螺旋线路径的硬拐角数量也明显低于其他两种规划路径。

表 3-1　等残留连通费马螺旋线路径（F）、平行扫描路径（Z）和轮廓平行路径（C）在路径段数（#sg）、硬拐角点比例（%tn）和实际加工时间的对比结果

工件	#sgZ	#sgC	#sgF	%tnZ	%tnC	%tnF	t_Z	t_C	t_F
兔子	9	4	**1**	7.1%	4.7%	**1.5%**	450	368	**342**
生育	18	6	**1**	6.6%	4.0%	**3.8%**	1908	1054	**1034**
马克斯普朗克	5	**1**	**1**	7.6%	6.0%	**2.5%**	245	232	**205**
松鼠	6	**1**	**1**	6.0%	2.8%	**1.9%**	539	428	**416**
小猫	11	2	**1**	7.4%	3.7%	**2.8%**	469	381	**370**

3.5 本章小结

本章将第 2 章提出的满足全局连续性和平滑性的连通费马螺旋线路径应用在数控加工的路径规划中，并拓展其满足等残留高度的特征，提出了等残留连通费马螺旋线的生成算法。对于自由曲面的加工，等残留连通费马螺旋线能够同时满足连续性、平滑性以及等残留高度的特性，与传统的路径规划方法相比，能显著提升加工效率和质量。为了证明算法的有效性，本章对不同复杂度的自由曲面生成等残留连通费马螺旋线路径，并在路径几何特征、实际的打印时间方面，与平行扫描路径和轮廓平行路径进行了对比。

第4章

数控加工的装夹规划

4.1 引言

数控加工中的装夹规划步骤，对于完整工件的铣削加工往往是必不可少的。例如，用五轴数控机床加工一个完整零部件，该零部件外表面的大部分区域都需要进行加工，即使是刀具可达范围相对大的五轴机床，仍不可能在一次装夹后就完成零部件所有待加工区域的加工，需进行多次重新装夹定位。

数控加工的装夹规划是数控加工流程设计的核心内容之一，需要综合考虑目标工件的几何形状、尺寸和公差、可用加工资源等信息，确定工件装夹的次数、顺序以及每次装夹中的定位基准、加工特征和加工方法[88]。具体地，装夹规划需要确定装夹过程工件方向规划及对应加工范围划分，以及设计或选择装夹工具对工件进行加紧定位。如图 4-1 所示，在一台三轴数控铣床上加工经典的 Bunny 模型，需要用到三次装夹规划过程，图中展示了各次装夹方向下的粗加工过程的二维示意图。

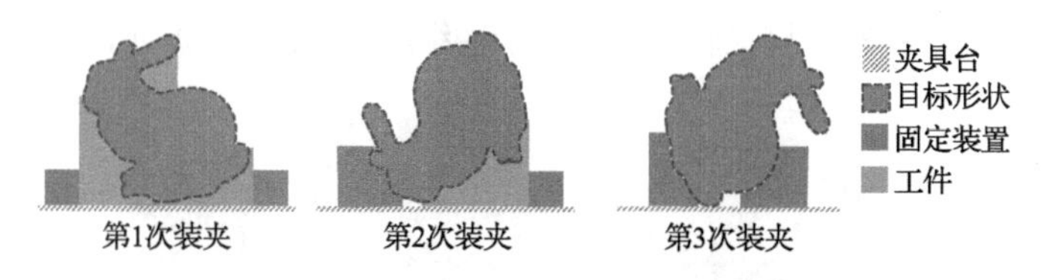

图 4-1 三轴数控机床装夹规划实例

当前在数控加工领域大部分装夹规划方法主要处理由基本几何元素组成的 CAD 模型，对于无明显特征线的自由曲面组成的全封闭工件研究较少。如绪论中所述，自由曲面的铣削加工通常在五轴数控铣床上采用五轴联动或定轴加工的工作模式进行。在实际生产中，装夹规划主要依赖工程师基于经验进行手动设计。本书针对三维封闭自由曲面模型，拟提出一种自动的装夹规划方法。

4.2 相关工作

4.2.1 五轴联动和定轴加工

三轴数控铣床对“平面型腔”结构的加工过程与增材制造的打印过程类似，数控刀具主要在二维区域内进行铣削操作，不同之处在于数控铣床采用的是“减材”的制造方式逐步从毛坯件上削减余料。由于具有加工范围大的优势，自由曲面工件常采用五轴数控铣床进行加工[60]。五轴数控铣床的运动轴由三个移动轴和两个转动轴组成，如图 4-2 所示。

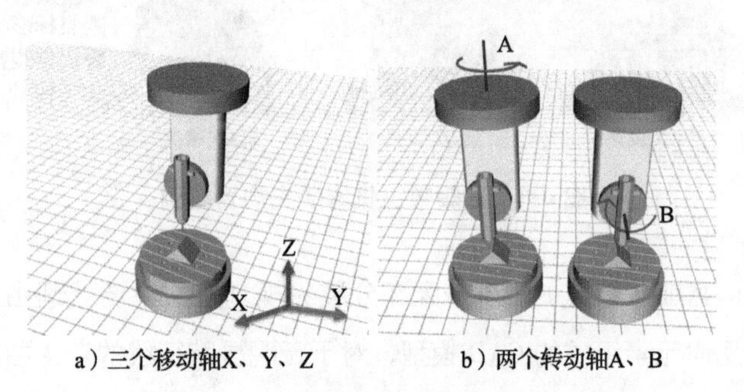

图 4-2　五轴数控铣床运动轴示意图

五轴数控铣床加工主要有两种不同的加工模式：五轴联动和定轴加工。两者不同之处在于：五轴联动加工模式在刀具铣削过程中有五个运动轴同步运动；定轴加工在刀具切削过程中只有三个移动轴运动，只有在需要转换加工范围时，另外两个转动轴才参与运动，如图 4-3 所示。

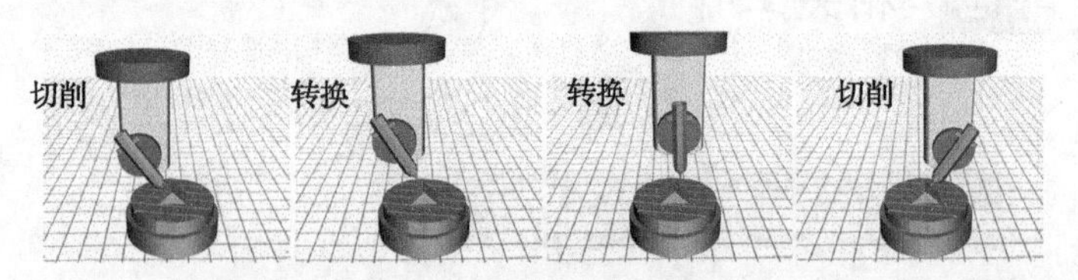

图 4-3　定轴加工示意图，加工绿色和红色区域时只有三个移动轴运动，在需要转换加工范围时，另外两转动轴参与运动（见彩插）

两种加工模式相比，定轴加工在实际生产中应用更为广泛，定轴加工切削过程中同步运动的轴数少，路径生成更容易，并且在加工过程中刀具切削力更稳定并支持高速切削。由于运行误差较小，工件的表面加工质量也会更好，传统的路径规划方法（如平行扫描方法）在定轴加工模式下也可以工作得更好。因此，本章在解决全封闭自由曲面模型加工的装夹规划问题时，选择定轴加工模式。

4.2.2 装夹规划

通常来说，装夹规划涉及实际数控加工过程开始前工件夹紧部件的设计与规划[18-19]。装夹规划需要解决的核心问题在于以最优化加工质量和效率为目标规划工件朝向。能够最小化装夹次数是装夹规划的关键约束，因为每增加一次装夹过程，不可避免地需要增加夹具数目，且重定位过程中可能引入的定位误差也会对加工质量带来影响。当前在学术领域，大多数装夹规划方法主要处理由基本几何元素组成的用于工业零件的 CAD 模型，比如旋转体模型或箱体模型[89]，如图 4-4 所示。其主要采用的方法有遗传算法、专家系统、决策树、训练学习等方法[90]。在工业生产中，装夹规划仍需要依赖工程师基于经验进行手动设计。

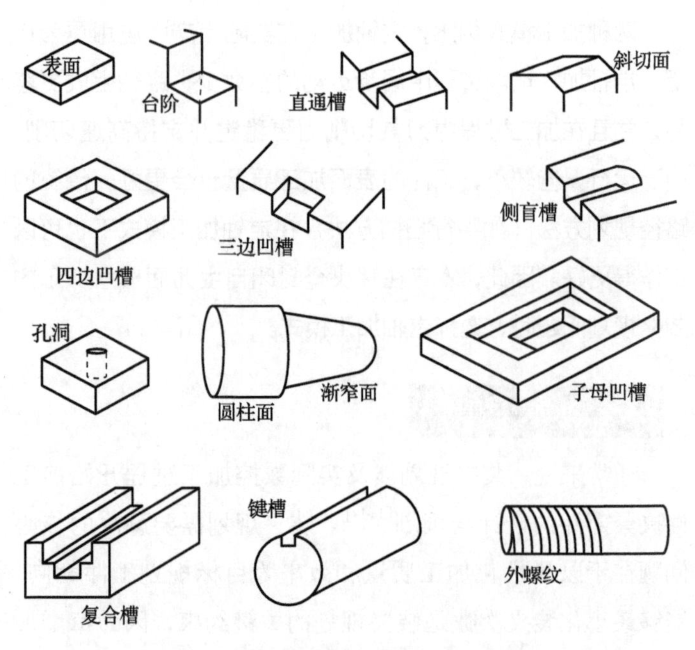

图 4-4　CAD 模型的基本几何元素[11]

4.2.3　区域分割

如前文所述，装夹规划除了需要确定装夹过程的工件方向之外，还需要规划其对应的加工范围，在此对相关的区域分割方法进行介绍。图形学领域中出现了许多基于各种不同的约束进行形状分割或区域分解的方法[91]。装夹规划中的区域分割的核心约束在于对加工刀具可达范围进行分析。此外，分割区域边界的平滑性也是很重要的因素，主要是因为装夹规划后的下一步就需要进行路径规划，而区域边界平滑有利于进行路径规划[74-75]。在区域分割方面，数控加工领域已有许多对于平面区域的分割方法，主要方法是将复杂的二维区域分解为较为简单的区域进行加工[74][92-93]。本文需要解决的区域划分问题，主要是在可达性分析的基础上对待加工的封闭自由曲面模型进行区域划分。

针对装夹规划涉及的以最小化装夹次数为目的的区域划分问题，前人已有工作证明该问题是一个 NP-hard 问题[94-95]。Gupta 等人提出了一种贪婪算法进行装夹规划[94]。Frank 等人首先对组成 CAD 模型的几个基本单元进行刀具可达性的分析，之后将装夹规划问题转换为一个集合覆盖问题进行求解[95]。Herholz 等人将封闭自由曲面三维模型分割为近似高度场曲面[96]。

4.3 装夹规划

本章解决封闭自由曲面三维模型的装夹规划问题的基本思路为，算法输入二流型三角网格 S，预处理阶段将网格 S 首先分解为最少数目的高度场曲面。高度场曲面的分解过程主要考虑到定轴加工的约束，分解之后的各高度场曲面都可以采取定轴加工的方式，在固定刀轴方向下只移动三个移动轴完成加工。之后根据装夹规划区域划分约束，将网格 S 划分为在各装夹方向下可以加工的区域，并在此过程中整合预

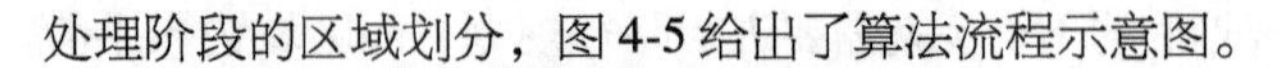

处理阶段的区域划分，图 4-5 给出了算法流程示意图。

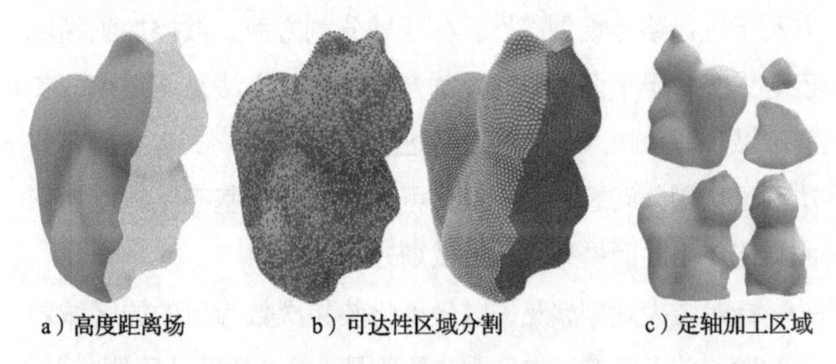

a）高度距离场　　b）可达性区域分割　　c）定轴加工区域

图 4-5　封闭自由曲面模型装夹规划算法流程（见彩插）

无论是预处理阶段高度场曲面的分解，还是可加工区域的分解，都需要在可达性分析的基础上进行。可达性分析的目的是计算最少数目的装夹方向组合及其对应的加工范围。每个装夹方向对应着一个加工范围，在一次装夹完成后，该加工范围应用定轴加工的加工模式进行加工，因此需要将该加工范围进一步划分为定轴加工可加工的子区域。在定轴加工过程中无须进行重新装夹，这是因为刀具相对于工件的朝向转换可以通过五轴数控机床的旋转轴和移动轴配合完成。重新装夹是非常耗时耗力的操作过程，因此装夹规划的一个核心目标是最小化装夹次数。

对于给定的三维模型 S，我们首先采样了一组可能的物体装夹方向并分析各装夹方向对应的可加工范围。以各采样装夹方向对应的加工范围为输入，将问题定义为一个最小覆盖问题的形式[97]。求得的最小覆盖集合中，装夹方向对应的加工范围的并集包含输入模型 S 的所有可加工区域。最小覆盖集合对应的并不是一个完整可用的可达区域划分结果，其中将会存在大量叠加区域。之后应用 Graph Cut 算法将这些叠加区域分解开，并在这个过程中将预处理的高度场曲面分割结果进行整合。最后对划分区域边界进行平滑处理。图 4-6 给出了一个对封闭自由曲面三维模型进行装夹规划的结果实例，对图中的 Kitten 模型需要用到两次装夹，并用不同的颜色对各装夹方向下对应的定轴加工范围进行了可视化。

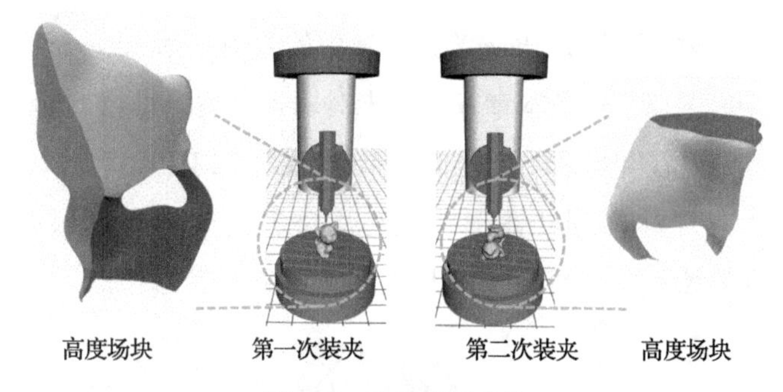

图 4-6 装夹规划实例

4.3.1 高度场区域分割

基于 Herholz 等人的方法[96]，预处理阶段我们将输入模型 S 分解为一组最少数量的高度场曲面。基本步骤为：首先在高斯球上均匀采样一组加工方向 d_i，$i=1\cdots n$；对于每个采样方向 d_i，提取在工件模型表面的采样点 p_j 中可加工的采样点。具体计算方法为，若 d_i 在采样点 p_j 的可用加工方向集合中，则点 p_j 可以在方向 d_i 下加工。将输入模型 S 的高度场曲面分解问题定义为一个基于 Graph Cut 方法[98] 求解的图中能量最小化问题。定义输入模型 S 采样点 p_j 为图的节点，采样点 p_j 邻接关系为边的图 G_F。定义图 G_F 中每个节点 p_j 可取得 label 值为其可加工的采样方向 d_i。使用经典的 Graph Cut 问题求解方法[98] 求得高度场曲面的分割区域。最终每个采样点 p_j 对应一个加工方向 d_i。

上述步骤与 Herholz 等人文章中的方法大体一致，区别主要有两点：一是本章算法并未对输入模型 S 进行变形操作；二是在判断采样点 p_j 能否在方向 d_i 下加工时，用一个头部附有球体的圆柱体形状代替原文方法中的空间射线。图 4-7 展示了一个预处理阶段高度场区域分割的实例。

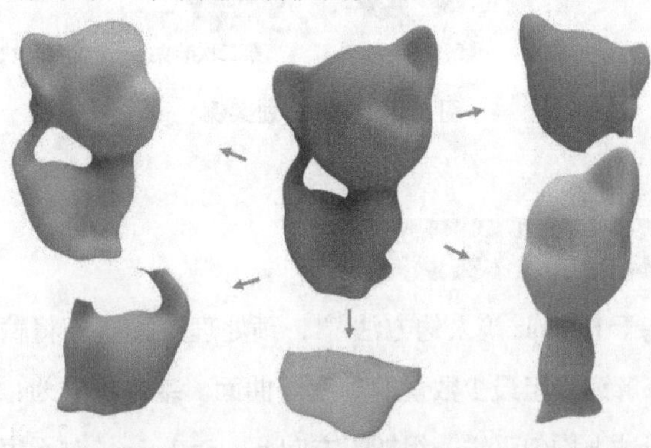

图 4-7　高度场区域分割实例

4.3.2 加工可达锥体

为了便于说明刀具朝向与输入模型 S 上的采样点 p_j 的相对关系，定义角度 φ 为刀具朝向与点 p_j 表面法向的偏置角度。在偏置角度 φ 范围内的刀具方向集合组成了点 p_j 的加工可达锥体。在某装夹方向 d_i 下，若五轴数控机床的刀具可以转换到采样点 p_j 的加工可达锥体中，则称之为点 p_j 在装夹方向 d_i 下是可达的。在本文的工作中，角度 φ 设置为 $\pi/2$。由于可能发生的刀具干涉，完整的偏置角度 $\pi/2$ 的加工可达锥体可能被分解为原锥体的一个子集，图 4-8 中点 p_1 和 p_2 的可达锥体被分为了两部分。

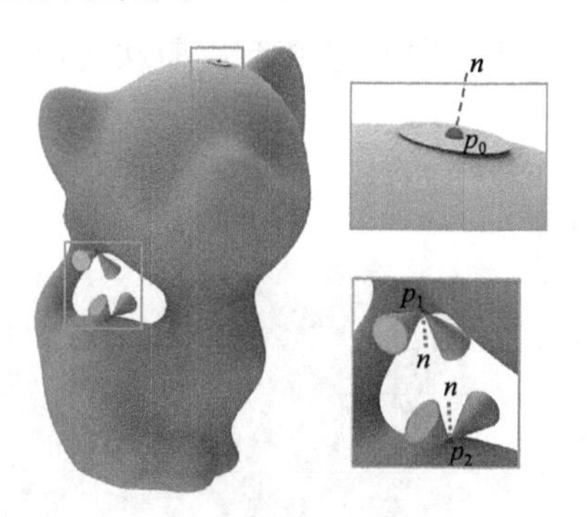

图 4-8　Kitten 模型上三个采样点的加工可达锥体实例

如图 4-2 所示，大部分五轴数控机床的刀具方向受限于旋转轴 A 0°～360°的自由度和旋转轴 B 0°～90°的自由度。换言之，相对于装夹平台来说，五轴数控机床的刀具朝向只能向下。如图4-8所示，在当前的装夹方向下，点p_0是完全可达的，点p_2的加工可达锥体部分可达，而点p_1则完全不可达。

4.3.3 单元可达性

如图4-9所示，首先在输入模型S上均匀采样以获得采样点$\{p_i\}_{i=1}^N$，并以采样点$\{p_i\}_{i=1}^N$为站点在曲面S上计算内蕴Voronoi划分。对于Voronoi单元c_i（$1 \leqslant i \leqslant N$），需要计算一组模型方向$R_i$使得单元$c_i$区域中的所有点对于装夹方向$R_i$下都是可达的。将Voronoi单元$c_i$对应的可达装夹方向$R_i$投影到高斯球上的对应区域$\mathcal{R}_i$，图4-9中红蓝两块Voronoi单元对应的可达装夹方向R_i投影到高斯球上对应的红蓝两块区域。

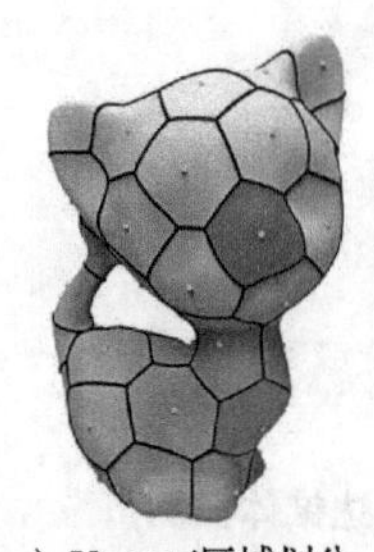

a）Voronoi区域划分

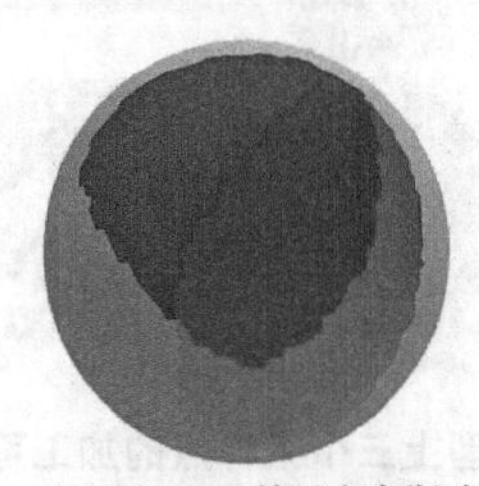

b）两Voronoi单元在高斯球对应可达方向

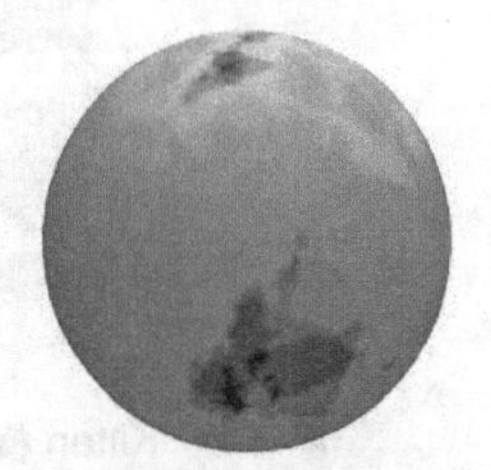

c）高斯球可达方向

图4-9 Voronoi单元可达性（见彩插）

将所有Voronoi单元对应的可达装夹方向投影到高斯球

上，得到如图 4-9c 所示的添加了颜色的高斯球，图中的颜色从红色到蓝色分别代表了高斯球上某一点对应的装夹方向可加工的 Voronoi 单元数量的多少。之后通过均匀或非均匀采样的方式在方向高斯球上选择备选方向 R_i（$1 \leqslant i \leqslant M$），对于每个备选方向 R_i 计算其对应的加工可达区域，图 4-10 展示了三个备选方向的加工可达区域。

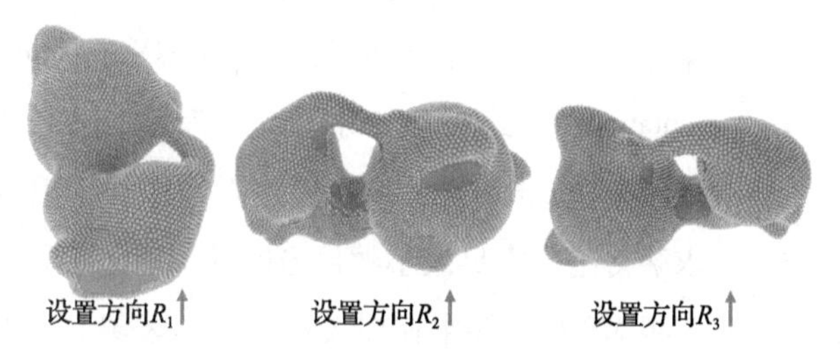

图 4-10　三个备选方向的加工可达区域

4.3.4　可达性覆盖

我们将可达区域划分的问题转化为一个集合覆盖问题进行求解，然后通过消除最小覆盖集合中的叠加区域得到可达区域的划分。给定全集 $U=\{1,2,\cdots,n\}$，以及集合 U 的一系列子集组成的集合 S，集合覆盖问题就是要找到 S 中最小的一个子集，使得它的并集等于全集 U。形式化的定义为，给定全集 U 和它的一组子集组成的集合 S，覆盖指的是一个集合 C，$C \subseteq S$，且 C 的元素的并集为 U。集合覆盖问题是典型的 NP 完全问题，最优化问题的集合覆盖问题是 NP 困难问题[97]。

在我们的问题中，我们将采样的 Voronoi 站点 c_i（$1 \leqslant i \leqslant N$）视为集合 U 中的元素；将备选方向 R_i（$1 \leqslant i \leqslant M$）对应的加工可达范围 S_i（$1 \leqslant i \leqslant M$）视为集合的子集合组成的集合 S。通过对集合覆盖问题的求解，我们可以得到一组最少数目的备选方向 R_i 的组合，使得该组备选方向的可达加工范围的并集为集合 U，不妨称这样的集合为 MINORI（minimal number of orientations）。此处，应用 Chvatal 等人提出的贪婪算法求解 MINORI[99]。通常对于一个特定模型采样一组备选装夹方向，求解得出的满足最小数目方向的 MINORI 不只有一组，并且每组 MINORI 解中存在大量的叠加区域，图 4-11 给出了对于 Kitten 模型求解最小覆盖问题得出的三个 MINORI 结果。如图 4-5b 所示，一组 MINORI 结果中存在大量的叠加区域，图中大红点和大绿点是只能被某一个备选方向加工可达的采样点，而其他的小红点和小绿点是可以同时被两个加工方向加工可达的采样点。

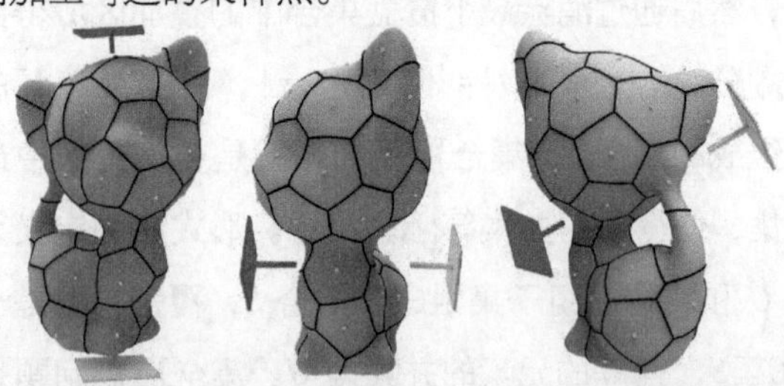

图 4-11　通过求解最小覆盖问题得出的三个 MINORI 结果

4.3.5 叠加区域消除

一组 MINORI 结果中存在大量的叠加区域，这些叠加区域对应的待加工区域可以同时在多个备选方向下加工可达。由于五轴数控机床刀具运动自由度较大，MINORI 中的叠加区域的范围可能很大，如图 4-5b 所示。MINORI 中的一个备选装夹方向对应着一组加工可达区域，即在该装夹方向下需要完成对该加工可达区域的加工。MINORI 存在的这些叠加区域必须消除，以避免可能出现的重复加工。另一方面，如前文所述我们采用定轴加工的方式对一个装夹方向下的可达区域进行加工，一个装夹方向下的加工可达区域必须依据定轴加工的约束进一步划分为高度场区域。在预处理中我们已经将输入模型分解为一组最少数量的高度场曲面，在此为了消除 MINORI 中的叠加区域以及考虑到定轴加工的区域划分，我们首先将预处理阶段得到的高度场区域划分整合到 MINORI 中，若整合后的 MINORI 中仍然存在叠加区域，则用 Graph Cut 算法[98] 加以消除。

4.3.6 区域整合

区域整合的目的是将预处理阶段的高度场区域划分应用到 MINORI 覆盖区域消除的过程中。一个有效的 MINORI 可以看作给每个采样点 p_i 都附加了相应的加工可达方向标签，MINORI 中的叠加区域指的是附加了多个方向标签的采样点集合。根据预处理阶段的高度场区域划分，每个采样点 p_i 可以说又附加了相应的所属的高度场区域标签。

我们提出了一种标签传播的方法，用已有的高度场区域标签消除 MINORI 中的叠加区域中采样点多方向标签情况。具体地，首先遍历每个高度场区域 H_i，如果高度场区域 H_i 的一部分采样点处于非重叠区域，其他部分处于重叠区域，则将非重叠区域的加工可达方向标签指定给重叠区域的方向标签，从而达到消除高度场区域 H_i 中重叠区域的目的，如在图 4-12 中直接指定 H_1 的可达方向标签为 R_1；如果高度场区域 H_i 中的全部采样点都处于非重叠区域，则将高度场区域 H_i 的加工可达方向标签传播给与高度场区域 H_i 临近的高度场区域 H_j 中，只要高度场区域 H_j 中的所有采样点都处于重叠区域，如图 4-12 中高度场区域 H_1 将其具备的可达方向标签 R_1 传播给了高度场区域 H_2。

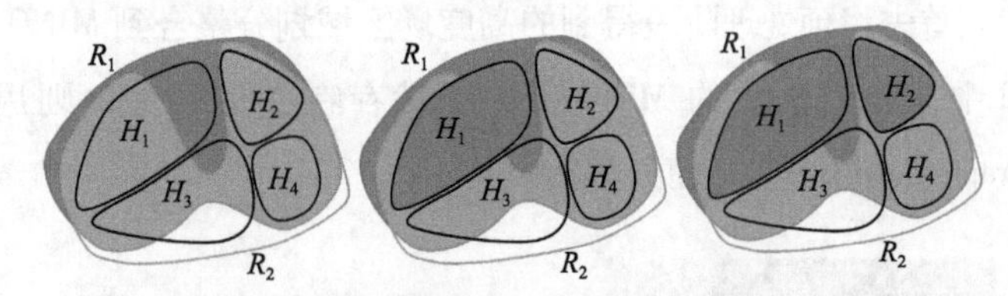

图 4-12　叠加区域消除，直接指定 H_1 的可达方向标签为 R_1；区域 H_1 将其具备的可达方向标签 R_1 传播给了高度场区域 H_2

标签传播方法以尽量不破坏高度场区域的方式消除 MINORI 中的重叠区域。换言之，标签传播方法实际是将重复区域中涉及的高度场区域，以最优化的方式分配到各装夹方向下的加工范围中。

4.3.7 Graph Cut 方法

应用标签传播的叠加区域消除方法后，MINORI 中可能仍然存在重叠区域，如图 4-12 中的高度场区域 H_3 和 H_4，这些重叠区域用 Graph Cut 算法[98] 消除。将重叠区域中的采样点 p_i 视为图 G_F 的节点，采样点 p_i 的邻接关系定义为图 G_F 中的节点边。Graph Cut 在当前情况下定义的能量函数为：

$$E(r) = \sum_{i=1}^{m} D(r(p_i)) + \alpha \sum_{(ij)} S(r(p_i), r(p_j))$$

其中，D 为 Graph Cut 的数据项，S 为平滑项，α 为权重因子，本章的工作将 α 设置为 100。数据项 D 用于描述重叠区域中采样点 p_i 被设置为装夹方向 $r(p_i)$ 的概率。平滑项 S 用于表征邻接的两采样点 p_i 和 p_j 设置为不同装夹方向后的惩罚项，具体设置为点 p_i 和 p_j 的连接边的垂直方向的方向曲率。最后，应用几何 snake 优化方法对最终划分的区域边界进行平滑化[100]，图 4-13 给出了边界平滑之前和之后的结果。

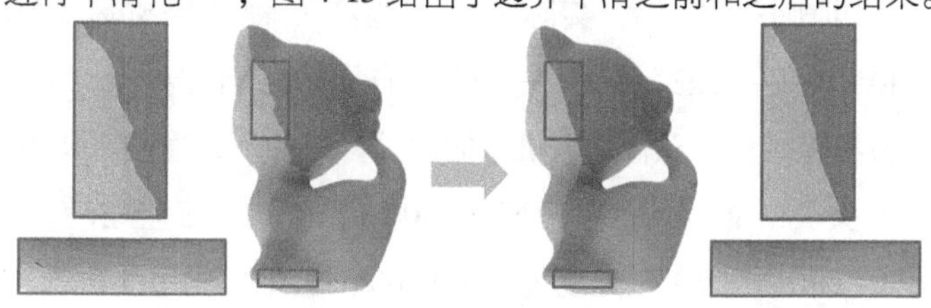

a）边界平滑操作前　　b）边界平滑操作后

图 4-13　区域边界平滑

4.3.8 最优 MINORI 选择

如上文所述，求解几何覆盖问题得出的满足最小数目方向的 MINORI 结果可能不是唯一的，对于每一组有效的 MINORI 结果都需要进行上述的叠加区域消除操作，从中选择定轴加工高度场区域数量最少的 MINORI 作为最终的装夹规划结果。如果仍然存在多组满足要求的 MINORI，则可以参考区域边界平滑度选择最优的 MINORI。

4.4 实验结果与分析

为了充分验证算法的有效性，本章针对一系列具备不同复杂度的封闭自由曲面模型进行装夹规划，并在实际的五轴数控机床上进行加工实验。

4.4.1 实验环境

如图 4-14 所示，实际加工实验在五轴数控机床 CNC 6040 2200W 上进行，应用一种可加工的树脂材料（代木）作为实验材料。五轴数控机床的相关参数如下，直径 4.0 mm 的球头刀、最大进给速度为 500 mm/min、路径弦差为 0.001mm、机床主轴速度为 15 000 r/min。G 代码用于输入机床进行实际的加工实验。图 3-12 展示了应用本章提出的装夹规划方法的实际加工工件。

图 4-14 五轴数控机床实验环境

4.4.2 装夹规划

图 4-15 展示了应用本章提出的装夹规划方法生成的区域划分结果，图中每行展示了输入三维模型的装夹规划结果，图中前两列展示了装夹方向对应的加工可达区域的划分，后两列给出了定轴加工约束下的高度场曲面的区域划分。表 4-1 展示了装夹规划实例的部分统计信息，包括装夹方向的数目、定轴加工高度场曲面数目以及进行装夹规划各算法子步骤的运行时间。算法运行时间反映了可达性分析的时间以及装夹规划区域划分的时间。程序运行时间数据是在一台 16 GB 内存的 Intel® Core TM i7-6700 CPU 4.0 GHz 台式计算机上测试得到的。可以看到，本文提出的路径规划算法可以应用于不同复杂度的自由曲面模型，包括像 Fertility 这样高

亏格的模型。图 4-16 展示了应用本章提出的装夹规划方法进行实际加工的工件实例照片。定轴加工的高度场曲面采用上一章提出的等残留连通费马螺旋线路径生成刀具路径，特写图片展示了加工残留的细节情况。

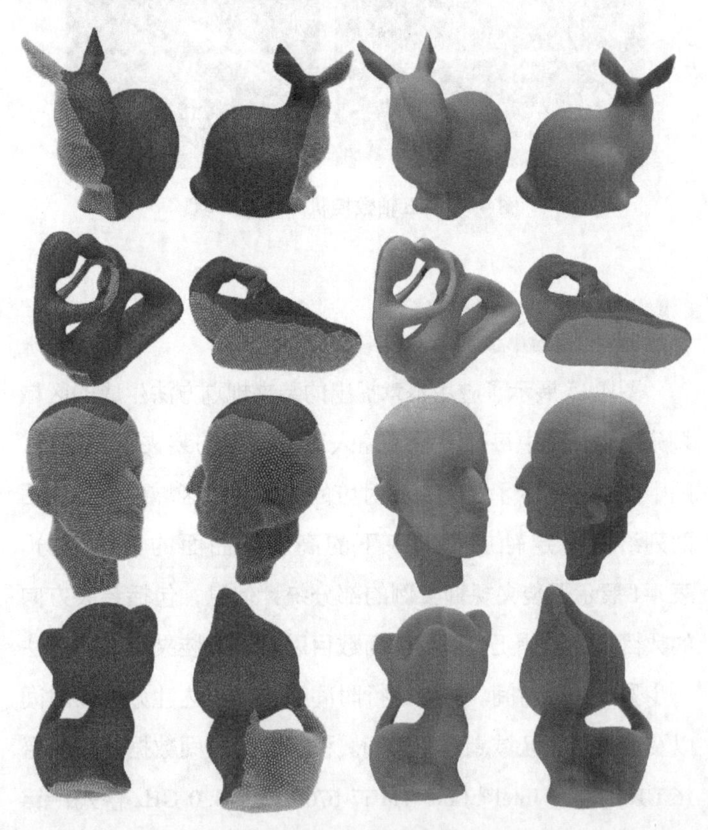

图 4-15 装夹规划区域划分的实例

表 4-1 装夹规划实例统计信息，装夹方向的数目（#A），定轴加工高度场曲面的数目（#P），可达性分析的时间（$t_A(s)$），装夹规划区域划分的时间（$t_P(s)$）

3D 模型	#A	#P	$t_A(s)$	$t_P(s)$
野兔	2	4	14.2	17.5
松鼠	2	5	17.5	21.0
兔子	2	5	18.3	21.1
小猫	2	5	24.2	28.4
马克斯普朗克	2	4	27.1	30.5
生育	2	11	48.9	57.2

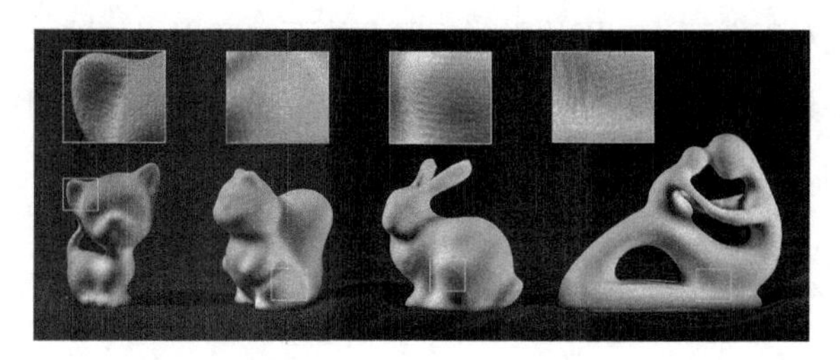

图 4-16 应用本章提出的装夹规划方法实际加工的工件实例

4.5 本章小结

本章针对封闭自由曲面模型，提出了一种自动的装夹规划方法。本章假设采用五轴数控机床的定轴加工模式加工封闭自由曲面模型，首先对自由曲面模型相对于五轴数控机床刀具的可达性进行了分析，对于自由曲面模型的每个采样点计算其加工可达锥体。在此加工可达性分析的基础上，我们首先考虑到定轴加工的约束在预处理阶段将自由曲面模型分割为高度场曲面，然后将装夹方向及其对应加工范围的求解问题转化为一个集合覆盖问题进行求解。对于集合覆盖结果中存在的大量重叠加工区域问题，先后采用标签传播和 Graph Cut 分割的方法进行处理，完成最终的装夹规划过程。

本章提出的装夹规划算法主要解决了装夹方向指定及其对应加工范围确定的问题，忽视了很多装夹规划中的其他约束，比如夹具设计问题、刀具切削力的问题，也忽视了夹具可能对工件可达范围的影响问题。然而本章提出的装夹规划算法具有很强的开放性，这些因素在未来的工作中有可能可以加入到算法框架中。

第5章

半色调投影与模型生成

5.1 引言

增材制造技术可以直接以数字模型文件为输入，制造任意复杂形状的三维实体，适用于可定制化的制造。近年来，在基于三维打印的创意设计与制造方面，出现了很多很有意思的工作，广泛应用于艺术设计、玩具设计、功能连接件等方面。本章拟基于三维打印在图像个性化展示方面，考虑光线介质在可打印几何结构中的传播特性，提出一种面向三维打印的半色调投影与模型生成方法。

半色调图像通过网点的大小或稀疏表达图像的灰度。受到分辨率的限制，半色调图像能够表现的色调相对较少。目前，半色调技术已经广泛应用于传统的纸面印刷和数字显示技术等领域。其核心在于结构保持、色调再现、点密度和空间解析问题。以保持原始图像的相对色调为目的，国内外的研究学者们提出了很多相应的半色调技术。然而，已有的半色调图像生成技术，所面向的是数字半色调图像或者二维图像的点刻画表达。

我们将传统的半色调技术应用于光线上，将光线透射形成的光斑作为显示介质，根据用户给定的灰度图像和三维模型，通过在模型表面设置微小孔洞调制投影图像。对于模型上的微孔，优化其大小、位置和相对光源朝向角度，同时保证可打印性的结构约束，使光源透过这些孔洞在投影面上形成一幅与给定图像最相近的连续灰度图像，如图 5-1 所示。与传统的半色调技术不同，我们表达半色调图像的基本单元是透过小孔成像的尺寸可以连续变化的光斑；投影光斑是通过控制灯罩上多孔结构的分布、尺寸和角度得到的；最终形成的半色调图像是投影生成的，在多孔结构灯罩生成过程中还需要考虑三维打印的相关约束。

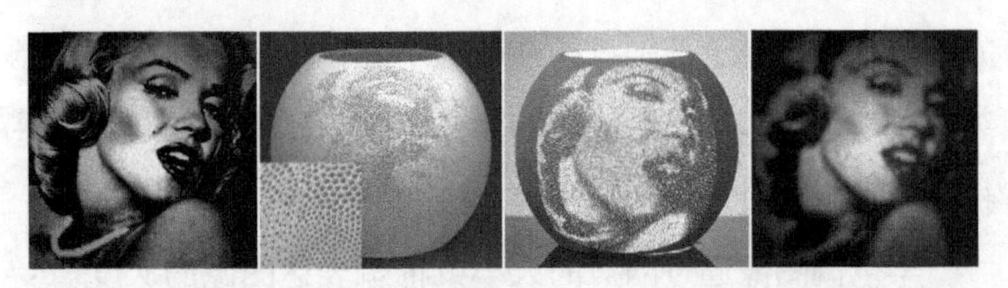

图 5-1 基于三维打印可投影任意连续灰度图像的多孔结构灯罩，从左到右依次为：目标灰度图像；三维打印的多孔结构灯罩；内部放置了光源的多孔结构灯罩；灯罩投影图像

5.2 相关工作

基于半色调技术的图像表达属于计算机图形学领域的经典问题，在传统的纸制印刷出版行业以及新兴的电子显示技术中应用非常广泛[101]。本章将经典的半色调技术与先进的增材制造技术相结合，提出了一种基于投影的半色调图像表达方式。在相关工作部分，本章将分别对典型的半色调图像生成技术以及智能制造领域相关的创意图像表达的工作进行介绍。

5.2.1 半色调与点刻画

在计算机图形学领域，关于半色调图像生成方法的研究吸引了众多研究者的目光[102-103]。具体的研究工作有，考虑到输入图像结构特征的增强表达，Kim 等人提出了一种特殊的点分布方法使得半色调采样点沿着图像中的结构特征分布[104]；Pang 等人提出了一种基于优化技术的半色调技术，其优化目标函数中同时考虑了图像结构特征的增强和灰度色调的保持[102]；Chang 等人应用一种误差扩散的迭代策略以提升半色调图像生成算法的效率[105]；Li 等人提出了一种各向异性的蓝噪声采样方法并将其应用于图像点刻画表达[106]，之后 Li 和 Mould 等人应用一种非线性优先级调整的方法，使生成的点刻画图像能够以最少数量的点提升半色调图像的对比度[107]。

在半色调图像生成技术中，存在一系列基于 CVT（Centroidal Voronoi Tessellation）划分的方法。Balzer 等人将一种带容量约束的 Voronoi 划分（Capacity-Constrained Voronoi Tessellation，CCVT）应用到点刻画的生成中，使得最终的点刻画分布中每个点区域具有相关的权重大小[108]，但这种方法计算效率低下。在基于 CVT 的半色调图像生成技术中，De Goes 等人做出了一项经典工作，使等权重的 CCVT 划分问题转化为一个最优传输问题，生成的点刻画中能够保证严格满足权重一致的约束[109]。本章工作中应用了 De Goes 等人的方法，即输入一个密度标量场得到相关的点刻画分布。

上述提到的半色调图像生成技术大部分都是针对二维图像提出的，本章提出的基于光学投影的半色调显示技术是在三维空间中生成的图像半色调表达。在三维空间半色调图像生成方面，Stucki 等人首次提出了三维数字半色调的概念，探索出了一种基于连续密度函数的三维半色调生成技术，并与“增材制造技术”相结合[110]。此后，Lou 和 Stucki 等人将一种顺序抖动结合误差传播的算法应用到三维空间中[111]；Zhou 和 Chen 等人反过来将三维半色调技术应用到三维打印中，用于缩短三维打印的制造时间[112]。与这些工作相比，我们的工作主要在考虑三维打印相关约束的条件下，提出一种可投影在半色调图像的三维多孔结构灯罩模型的生成方法。

5.2.2 制造相关的创意光影艺术

近年来，智能制造领域出现了很多富有创意的光影艺术方面的工作。Mitra 和 Pauly 等人提出了一种三维实体模型生成方法 shadow art，从多个不同的角度向该实体投影光线可以得到多幅二值投影图像[113]。基于 shadow art 的工作又出现了很多后续拓展工作，包括可以投影彩色图像的三维实体设计方法[114]，以及借助透明亚克力板形成三维全息光影艺术效果[115]。

本章的工作受到了 Alexa 和 Matusik 等人工作的启发[116]，通过在板型结构上生成不同深度的钻孔，不同深度的钻孔由于自遮挡效应会形成色调不同的灰度，从而形成半色调图像[116]，如图 5-2 所示。

图 5-2 基于自遮挡钻孔的半色调图像[116]

本领域的研究者还将光的反射和折射现象应用到半色调图像的生成中，形成焦散图像。这方面的代表性工作有，通过微面片[117]、微区域[118]、B 样条曲面[119]、连续曲面[120-121]或者法向场[122]改变物体表面的几何结构，之后通过数控加工或激光雕刻完成实体制造。

光影成像技术的应用非常广泛，例如信息伪装或产品外观设计等。Papas 等人设计了一种被动式的显示设备，将图像隐藏且只能被特定解码镜头破译[123]。

Malzbender 等人提出了一种生成只能从特定方向观察的可打印 4D 反射比函数的曲面[124]。Levin 等人应用波动光学原理生成高分辨率的定制反射曲面[125]。Lan 等人通过对局部着色框和反射率的空间变化来进行制造外观设计[126]。Willis 等人应用可打印的光导纤维，提出一种可交互的定制化光线传导显示装置[127]。Pereira 等人引入一种自动纤维寻路算法用于最小化光线传播的路径曲率[128]。

上文所述的制造相关的光影显示技术大部分都依赖于昂贵的专门设备或者特殊的制造原材料。相比之下，本章提出的方法只需要普通的三维打印设备就可以制造完成。本方法应用的物理原理是光线的直射传播原理，生成一种投影任意灰度图像的多孔结构灯罩。对灯罩制造材料只存在遮光性较好的约束，因此本方法的适用材料范围很广泛，比如常用于桌面三维打印的塑性材料以及粉末材料。使用此种原材料形成的打印成品的透光率比较低，光线照射在该打印成品上大部分都会发生反射或漫反射。特别需要说明的是，本章采用了统一厚度的多孔结构灯罩，以避免因不同厚度产生的其他可打印性问题。

5.3 多孔灯罩模型生成

本章的目标是提出一种可打印的多孔结构灯罩的模型生成方法，使得光源透过该多孔结构灯罩在附近墙面上投影出与用户设定的目标灰度图像非常接近的半色调投影图像。从光源发出的光线通过多孔结构灯罩时遮罩了部分光线，没有被遮罩的光线投影在附近墙面上形成最终的投影图像。特定投影图像的取得，需要对灯罩上的透光区域分布进行精心设计。我们在给定的三维灯罩曲面上生成了一组透光的锥形孔洞结构，这些孔洞结构的大小、位置和相对光源朝向角度可以根据特定输入图像的约束进行优化，如图 5-3 所示。在孔洞的生成过程中还需要考虑满足可打印性的约束，以保证生成的多孔结构灯罩是可打印并且具备一定的强度。

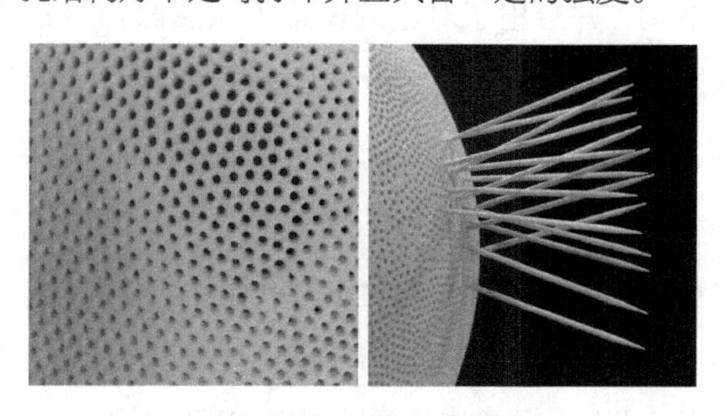

图 5-3　三维打印的多孔灯罩实例，插入牙签用于标明灯罩表面孔洞的朝向

不妨用符号 I^t 表征用户输入的灰度图像，灯罩灰度投影图像为 I^P，本章提出的多孔灯罩模型生成方法主要目标和约束有：

①灰度投影图像 I^P 与目标灰度图像 I^t 的差异要尽量小。需要注意的是，在评估两者差异时需要乘上一个相应的系数，因为灰度投影图像 I^P 的整体亮度受到相机曝光时间、感光度等因素的影响；

②灰度投影图像 I^P 要尽可能地保持目标图像的连续色调变化，并且尽可能地提高图像分辨率，换言之，需要尽可能地提高孔洞的分布密度；

③多孔结构灯罩需要满足特定的可打印约束有，锥形孔洞的半径不能小于 r_{min}，孔洞间距不能小于 d_{min}。

图 5-4 展示了满足可打印性约束的条件下的最密集排列的孔洞结构，并给出了对应的投影模拟图像和实际投影图像。该排列以最小的孔洞间距 d_{min} 排列半径为 r_{min} 的最小尺寸孔洞，对应着一组半径为 $r_{min}+0.5d_{min}$ 的紧密圆排列，如图 5-4a 所示。为了使得投影图像 I^P 与目标灰度图像 I^t 的差异要尽量小，必须根据 I^t 的约束对孔洞排列进行相应调整。如图 5-4b 给出了最紧密孔洞排列的投影模拟图像，与之相比，如果要在相应的投影位置获得亮度更高的灰度色调，可以增大相应位置的孔洞半径尺寸；然而如果要在相应的投影位置获得更暗的灰度色调，则不能通过减少相应位置的孔洞

半径尺寸达到。

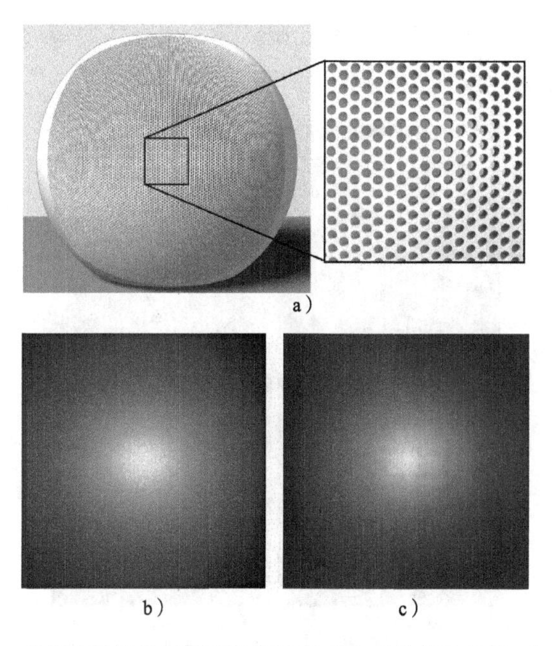

图 5-4 用最小孔洞按最紧密的排列方式生成的多孔灯罩 a)、其对应的投影模拟图像 b) 和实际投影图像 c)

较容易想到的一个替代策略是，降低相应区域的孔洞数目，以一种更稀疏的排列方式生成暗部色调区域的孔洞结构。然而，这种方案会显著地降低半色调图像的连续性。对于用户输入的目标灰度图像 5-5a，应用目前最先进的点刻画生成算法生成的点刻画为图 5-5b。将该点刻画中的采样点分布位置直接作为多孔结构灯罩的孔洞位置生成多孔结构灯罩。为了满足可打印性的约束，点刻画中点数目被限制在

3 000 左右，生成的模拟投影图像为图 5-5c。显然投影模拟图像暗部区域（如鼻子和左眼区域）出现了显著的离散光斑，极大地破坏了色调的连续性。

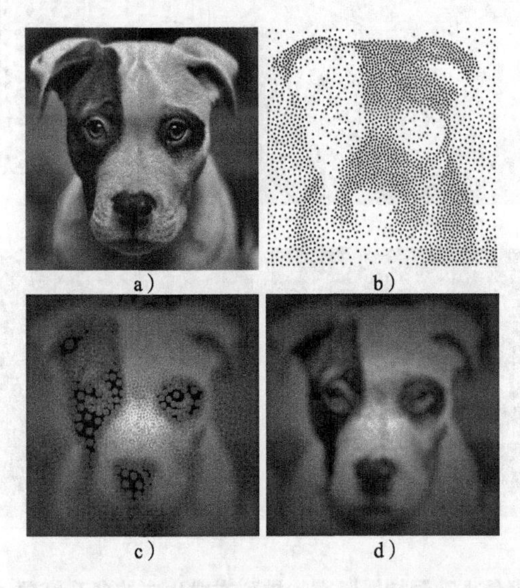

图 5-5　对于用户输入的目标图像 a)，直接按照点刻画的结果 b) 的孔洞位置生成多孔结构灯罩产生的模拟投影图像 c)，用本书方法生成的多孔结构灯罩的模拟投影图像为 d)

为了提升暗部色调区域图像的连续性，我们采取的策略是调整相应位置的孔洞相对于光源的朝向。这一策略使得孔洞仍然以紧密的方式排列，并不会影响图像的连续性。在图 5-5 给出的实例中，应用上述方法可以在多孔灯罩上分布 6 000 个左右的孔洞，图 5-5d 展示了相应的模拟投影图像，暗部区域的色调连续性得到了明显的改善。

任意灰度图像I^t对应的多孔结构灯罩上面的孔洞排列，都可以看作是一种紧闭的圆排列。该圆排列中任意两圆都不相交，相邻两圆满足相切关系。灯罩上面的孔洞处于圆排列圆盘内部，为了满足可达性的约束，圆盘内部孔洞外沿到圆盘边界的距离不能小于$0.5d_{min}$。根据I^t生成特定圆排列的问题，实际上指的是I^t中某处的灰度值可以对应为相应位置圆盘的半径距离，这两者满足一一对应的关系。本章用一个密度标量场表示圆盘中各处圆盘半径大小。求解该密度场，必须依赖于解决图像特定位置灰度与其对应圆盘半径大小的对应关系。

如图5-6所示，基于该密度图，我们通过一个带容量约束的 Voronoi 划分计算出相应的圆排列。基本思路为要求生成的带容量约束的 Voronoi 划分之后的 Voronoi 单元的权重与密度标量场是相对应的，之后通过在每个 Voronoi 单元内部生成其最大内接圆，得到相对应的圆排列。根据圆排列结构在灯罩曲面上生成三维多孔结构用于三维打印制造，最终取得投影图像。

a）目标灰度图像

b）密度图

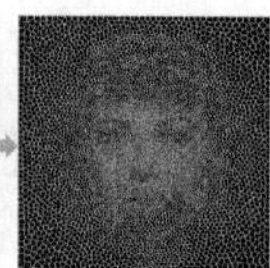

c）带容量约束的Voronoi划分

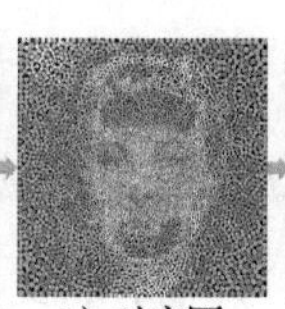

d）对应圆排列

e）模拟投影图像

图5-6　多孔灯罩模型生成算法流程

5.3.1 密度标量场

对于用户给定的灯罩三维曲面模型、目标灰度图像 I^t 以及相应的投影接收面设置，首先生成满足可打印性约束的最密集排列的孔洞结构，将对应的投影模拟图像用符号 B_0 表示，如图 5-4b 所示。具体的投影模拟方法将在下文中介绍。

模拟投影图像 B_0 表明了单独通过调节孔洞半径可以达到的最暗的色调值。更暗的色调只能通过调整孔洞相对于光源的朝向得到。在此根据孔洞是否调整过相对于光源的朝向，将孔洞分为扩大型孔洞和倾斜型孔洞。称模拟投影图像 B_0 为投影参考图像。与投影参考图像 B_0 相比，扩大型孔洞用于生成较 B_0 亮的色调；倾斜型孔洞用于生成较 B_0 暗的色调。

根据成像原理，人眼能够观察到投影接收面上的投影图像，是因为投影接收面对光源发出的光线进行了漫反射，摄入人的眼睛形成视觉可以感知的图像。人类视觉可以感知的灰度图像与实际摄入的光线能量值必须经过 gamma 校正的过程。基于此，对于给定的灰度图像 I^t，通过逆 gamma 校正得到照度图。对于灰度图像 I^t 上某一点 $p(x, y)$ 的灰度 $I^t(p(x, y))$，辐射照度为 $E_v(p)=g^{-1}(I^t(p))$，其中 $g^{-1}(\cdot)$ 为逆 gamma 校正过程，gamma 参数取标准值 2.2。

对于照度图的每一点 $p(x, y)$，其对应辐射照度为

$E_v(p)$。我们通过控制点 $p(x, y)$ 处光线被多孔结构灯罩遮挡的程度，以达到特定的辐射照度 $E_v(p)$：

$$E_v(p) = KE_v^0(p(x, y)) \tag{5-1}$$

其中，$E_v^0(x, y)$ 为点 $p(x, y)$ 在没有任何三维模型遮挡的情况下的总辐射照度 $E_v^0(x, y) = \sum_i \frac{\Phi_i}{\pi r_i^2}\cos(\theta_i)\cos(\theta_p)$ 。$E_v^0(x, y)$ 的计算细节请参考下文的投影模拟的计算部分。K 表示点 $p(x, y)$ 处灯罩对光源发生光线形成遮罩的遮光率，可以被定义为：K=区域（未遮挡）/区域（单元格）。可将 K 表示为 r 的函数形式。如图 5-7 所示，r 为正六边形最大内切圆的半径，$r_{\min}$ 为可打印孔洞的最小半径，$d_{\min}$ 为可打印两孔洞间的最小距离。

若 $I^t(p(x, y)) \geqslant B_0(p(x, y))$，需要排列扩大型孔洞，有：

$$K(r) = \frac{\pi(r - 0.5d_{\min})^2}{2\sqrt{3}r^2} \tag{5-2}$$

若 $I^t(p(x, y)) < B_0(p(x, y))$，需要排列倾斜型孔洞，有：

$$K(r) = \frac{r_{\min}^2\cos^{-1}\left(\frac{d}{r_{\min}}\right) - d\sqrt{r_{\min}^2 - d^2}}{\sqrt{3}r^2} \tag{5-3}$$

其中 $d=r-r_{\min}-0.5d_{\min}$。由上述公式可得，对于照度图上点 $p(x, y)$，为达到 $E_v(p)$，期望最大内切圆的半径为 r。r

为三维模型表面上相应最大内切圆的半径，其在投影接收面对应圆的半径为 r_w，使投影接收面上相应位置上半径为 r_w 的圆在点 $p(x, y)$ 对应三维模型处的投影面积与半径为 r 的圆的面积相等；对于照度图上点 $p(x, y)$，其相应的投影接收面上圆半径为 r_w，定义点 $p(x, y)$ 处密度 $\rho_w(x, y) = 1/r_w^2$，经过归一化，得到密度图 M。

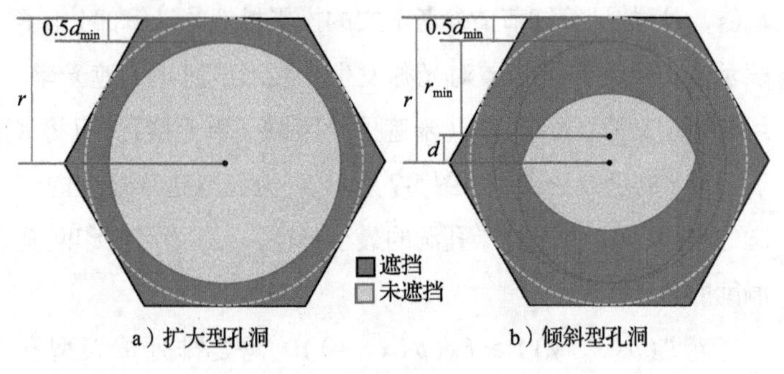

a）扩大型孔洞　　b）倾斜型孔洞

图 5-7　正六边形中遮光率的计算

5.3.2　圆排列

给定上一步骤计算的密度图 M，设定最优目标圆盘个数为 N，调用 De Goes 等人提出的以最优传输方法求解带容量约束的 Voronoi 划分[109]，之后在每个 Voronoi 单元中生成其最大内接圆，得到结果圆排列。

尽管 De Goes 等人的方法能够保证严格满足容量一致的约束，然而生成的 Voronoi 单元形状不可能都是正六边形的形状，因此生成的最大内接圆的大小有可能达不到密度图 M 中标明的理想大小。理想的最优目标圆盘个数 N 的计算公式为 $N=\rho_m N_0/\rho_0$，其中 ρ_m 为密度图 M 的累加密度值，ρ_0 为 B_0 的累加密度值，N_0 为 B_0 的圆个数。给定密度图 M 和目标圆个数 N，通过调用 De Goes 的方法计算 CCVT。在结果 CCVT 的每个 Voronoi 单元中计算其最大内切圆得到一组圆排列。对于某个 Voronoi 单元，其对应密度图 M 的某一块区域，区域中所有采样点对应的半径 r_w 的均值作为该区域的期望圆大小，由此判定该区域的最大内切圆是否达到其期望圆大小。以目标圆个数 N 为上界，通过二分搜索查找达到最优圆正确率的 CCVT。图 5-8 对圆尺寸正确率与目标圆个数的变化关系进行了可视化。

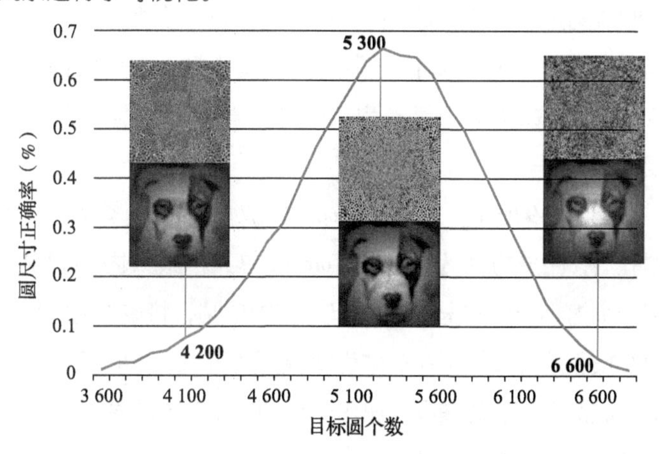

图 5-8　圆尺寸正确率与目标圆个数的变化关系

如图5-8所示，经过二分查找得到的最优圆正确率为70%左右，即表明仍有30%左右的圆盘实际尺寸不符合期望的理想尺寸。对于这些圆盘，我们采取一种后处理的方式提升最优圆正确率。后处理的基本思路为，对于实际尺寸偏大的圆盘，直接在相应的Voronoi单元内部放置满足理想尺寸的圆盘；对于实际尺寸偏小的圆盘，局部的删除部分Voronoi站点，进行局部的多次Lloyd迭代[129]，以期扩大局部的Voronoi单元内接圆盘的尺寸。

5.3.3 孔洞生成

根据上一步骤生成的圆排列，生成其对应的多孔结构灯罩上的孔洞。首先根据得到的最优正确率的Voronoi区域和其对应圆排列，将其对应的密度图的区域中多数点标明的孔洞类型作为该Voronoi区域期望的孔洞类型；之后根据任意Voronoi区域期望的孔洞类型，在其三维模型的对应位置生成相应的孔洞。

如图5-9所示，若某Voronoi单元对应的孔洞类型为扩大型孔洞，生成方法为：在该Voronoi单元的最大内切圆中嵌套一个缩小一个安全距离$0.5d_{min}$的内切圆，将该内切圆按照中心投影的方式投影在三维壳状模型的外表面和内表面，分别形成两个相交的椭圆，使用一个圆柱形结构连接内外表面的椭圆形成该扩大型孔洞。

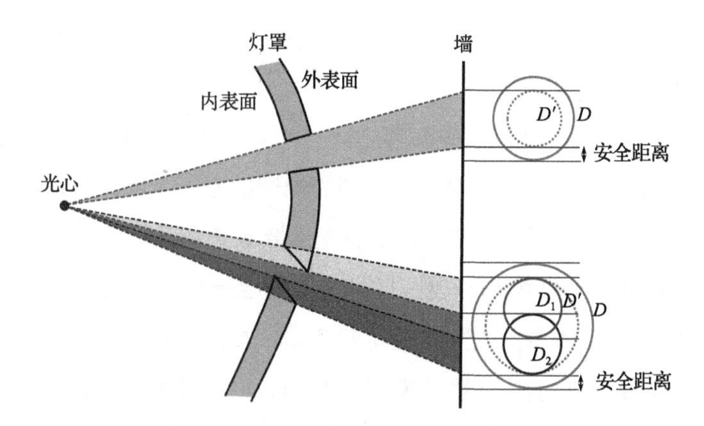

图 5-9 扩大型孔洞和倾斜型孔洞的生成

如图 5-9 所示，若某 Voronoi 单元对应的孔洞类型为倾斜型孔洞，生成方法为：在该 Voronoi 区域的最大内切圆中嵌套一个缩小一个安全距离 $0.5d_{\min}$ 的内切圆，在该内切圆内选一个随机方向放置两个半径满足可打印条件的最小圆 D_1 和 D_2，分别将 D_1 和 D_2 通过中心投影的方式投影在三维壳状模型的内表面和外表面，分别形成两个相交的椭圆，使用一个圆柱形结构连接内外表面的椭圆形成该倾斜型孔洞。

5.3.4 投影模拟

放置在灯罩内部的光源发出光线，通过多孔结构灯罩上面的孔洞结构照射在投影接收表面上，通过投影接收平面的漫反射作用将光线反射进人眼或相机等图像采集设备，最终形成投影图像。投影接收平面上投影区域每一点的漫反射光照强度与光源本身的光源特性、二者的相对位置关系、多孔灯罩的遮罩等因素都有关系。

本工作中使用的光源假定为一个小而亮的 COB（Chips On Board）LED 面光源，该光源的光通量为 Φ，可看作直径为 9 mm 的状近似圆盘形状。将光通量为 Φ 的光源 L 离散化为数量为 n 的离散点光源 $\{l_i\}_{i=1}^{n}$，每个点光源 l_i 的光通量为 $\Phi_i=\Phi/n$。本章的实验中设置 $n=76$。在投影接收面的投影区域离散采样有限个数的投影接收点，如图 5-10 中的点 p。COB 面光源可以看作是一种朗伯体光源[130]，根据朗伯体光源的光线传播特点，在多孔灯罩的遮挡作用下，投影接收点 p 的总辐射照度 $E_v(p)$ 为所有点光源 $\{l_i\}_{i=1}^{n}$ 发出的光到该点 p 的辐射照度累加和：

$$E_v(p)=\sum_i \frac{\Phi_i}{\pi r_i^2}\cos(\theta_i)\cos(\theta_p)V(p,\ l_i)$$

其中，r_i 为点 p 到光源 l_i 的欧式距离，θ_i 和 θ_p 为连接点 p 和 l_i 的直线及点 p 和 l_i 处法线 $\overline{N}_j$ 与 $\overline{N}_i$ 的夹角，$V(p,\ l_i)$ 为点 p 和 l_i 的可见关系，取值为 0 代表不可见，取值为 1 代表可见；将投影接收点的总辐射照度 $E_v(p)$ 通过 gamma 校正得到投影模拟图像灰度值 $I^t(p)=g(E_v(p))=(E_v(p))^{1/\gamma}$，其中 $g(\cdot)$ 表示 gamma 校正过程，通常 gamma 函数 γ 取值为 2. 2。

在实际实验中，我们发现本章中应用的 COB 面光源并不完全满足朗伯体光源的发光特征，具体表现在随着角度 θ_i 的

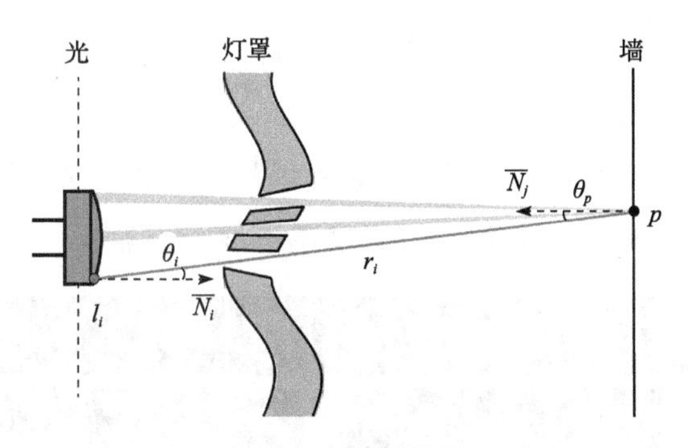

图 5-10 投影模拟

增大，光源发出的光照强度会随之衰减，另外该 COB 光源表现出一定的各向异性的特征，在投影接收面的垂直方向上光照强度衰减得更快。为了校正光源的这种差异，我们对投影接收面上的点 p 的坐标增加了两个修正系数，水平和垂直方向的修正系数分别为 1.7 和 1.9。如图 5-11 所示，应用修正系数后用照度计分别测量水平和垂直方向的照度，与模拟的数值进行比较。

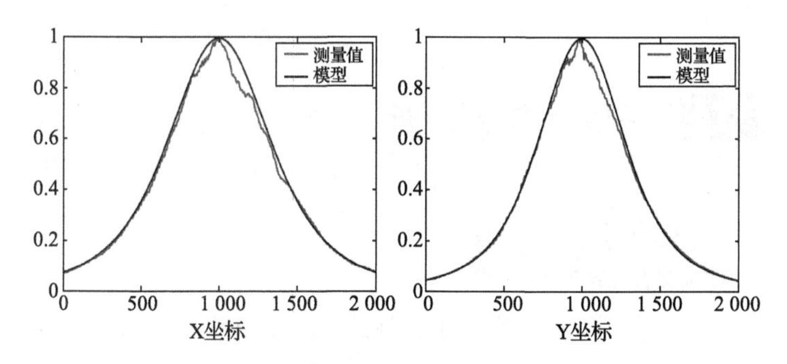

图 5-11 光源校正

为了验证投影模拟算法的有效性，我们针对一个具有不同倾斜角度的倾斜型孔洞进行了实际测试并生成其对应的模拟效果。图 5-12 展示了实际测试的投影光斑照度值和模拟计算的照度值，可以看到模拟算法还是非常准确的。

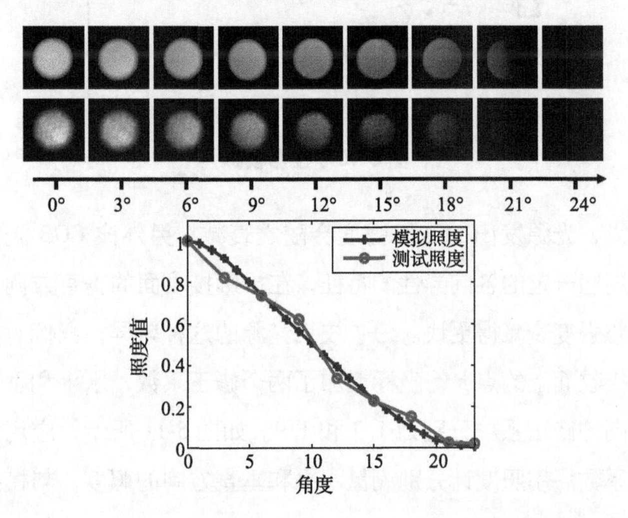

图 5-12　不同角度的倾斜型孔洞的实际投影和模拟计算的比较

5.4　实验结果与分析

5.4.1　实验环境

我们在不同的灰度图像上测试上文提出的多孔结构灯罩模型生成方法，并且搭建了相应的投影实验环境，以测试生成的多孔结构灯罩的真实投影效果。图 5-1 和图 5-14 展示了打印的多孔结构灯罩模型及其投影图像，其中的灯罩模型的三维形状是标准的球形，每个球灯罩前后两面制作了可以投影不同灰度图像的多孔结构灯罩。图 5-13 展示了本文的投影实验环境，所用光源为色温 3 000K 的 Cree® XLamp® CXA1507 LED，该光源大致成直径约为 9 mm 的圆盘形。用一个漫反射效果良好的投影幕布作为投影接收面，投影接收区域范围设置为 100×100 cm^2。文中所有的实际投影照片都是从幕布后面拍摄得到的，所用相机的型号为 Canon EOS 5D Mark II，曝光时间设置为 1/80 秒，焦距 f/4. 0，感光度 ISO 设置为 400，拍照过程中保证室内其他光源都关闭。

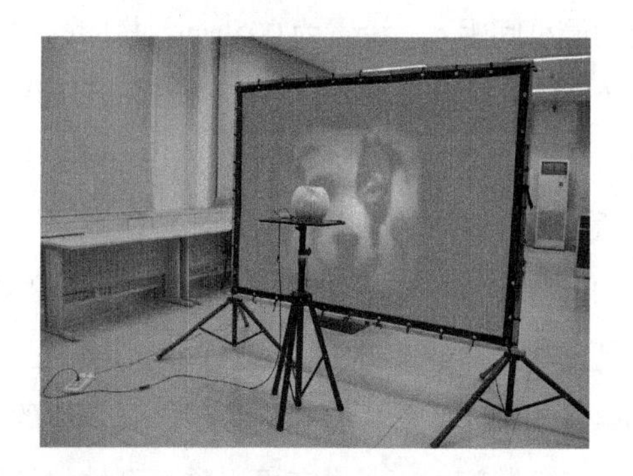

图 5-13 多孔结构灯罩实验环境设置

5. 4. 2 多孔结构灯罩

图 5-14 中展示了针对不同的灰度图像生成的多孔结构灯

图 5-14　多孔结构灯罩及其投影图像的结果展示

罩及其对应的真实投影图像。这些测试用的多孔结构灯罩是在一台粉末打印机上打印完成的，所用三维打印机的型号为 ProJet® 660 Pro，球形灯罩壁厚设置为 3 mm。在所用粉末三维打印机上测试可得，孔洞的最小半径 $r_{\min}$ 设置为 0. 6 mm，相邻孔洞的最小间距 $d_{\min}$ 设置为 0. 5 mm。打印的球形灯罩的直径设置为 22 cm，制造一个完整的球形灯罩所需的打印时间约为 16. 5 小时再加上 1 个小时干燥处理过程。本章提出的方法同样适用于非球形的灯罩结构，图 5-15 展示了一个表面起伏不平的多孔结构灯罩及其对应的模拟投影图像。表 5-1 给出了多孔结构灯罩的部分统计信息，包括模型生成过程中计算的初始孔洞数目、最终的孔洞数目以及最终的圆尺寸正确率。算法运行时间方面，本章提出的多孔结构灯罩模型生成算法最耗费时间的步骤为，应用 De Goes 等人的方法生成带容量约束的 Voronoi 划分的步骤和生成孔洞几何结构的步骤。生成一组孔洞数目为 6 000 左右的多孔结构灯罩，前者通常花费 5 分钟，后者大约花费时间为 1 分钟。该程序运行时间数据是在一台 8 GB 内存的 Intel® Core™ i5 CPU 3.3 GHz 台式计算机上测试得到的。

表 5-1 多孔结构灯罩的统计信息

型号	#初始孔洞数目	#最终的孔洞数目	圆尺寸正确率（%）
玛丽莲	7 323	5 789	79.47
螺旋式坡道	7 914	6 321	87.73
赫本	7 617	5 945	82.50
凯利	7 563	5 914	80.74
马伦	7 167	5 607	81.34
巨嘴鸟	6 926	5 352	75.76
狮子	7 243	5 650	74.81
狗	7 891	6 055	82.12
凯利（不平的）	8 912	7 120	65.17

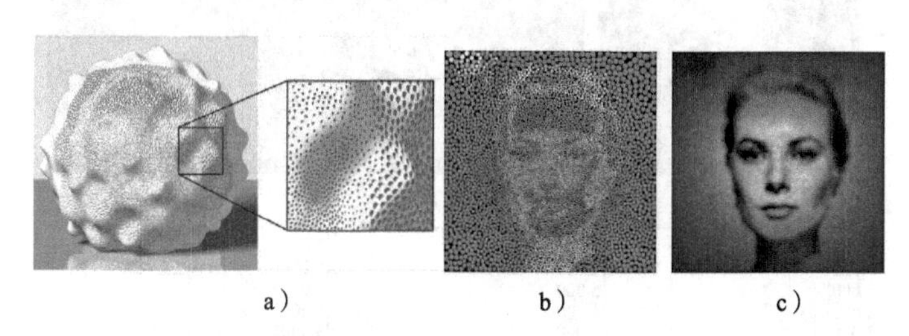

a） b） c）

图 5-15 非球形多孔结构灯罩及其投影图像的结果展示

5.4.3 量化测试

我们还对本章生成的多孔结构灯罩进行了定量分析，图 5-16 给出了两张输入灰度图像及其对应的模拟投影图像、真实投影图片，并给出了它们各自的灰度直方图。从同心圆

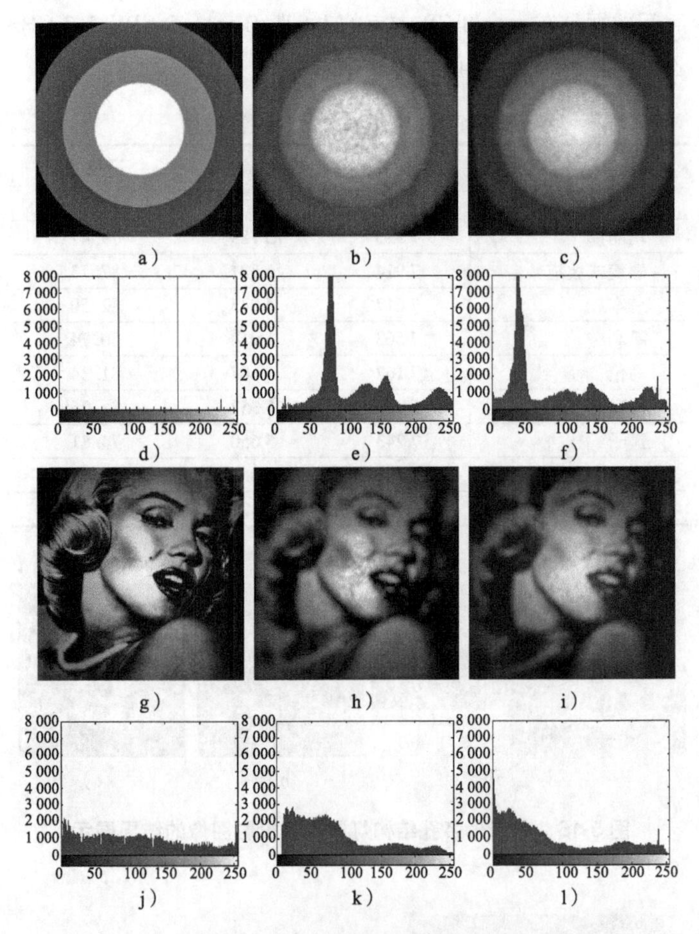

图 5-16　投影图像的量化分析

图像的量化分析结果可以看出，本章算法生成的投影图像难以表现只有四个色调的灰度图像，生成的模拟投影图像和实际拍摄投影图像的直方图中也有四个类似的波峰，然后都分散在附近的灰度范围附近。从梦露图像的量化分析结果可以看出，输入图像的直方图分布比较均匀，然而本章方法生成的模拟图像和实际拍摄摄影图像的直方图中的暗部区域过多。

从如上量化分析的结果可以看出本章方法生成投影模拟图像的劣势。本章方法生成的投影模拟图像中心区域不利于表达暗色调图像，因为需要极大的倾斜角度，而倾斜角度的增大又会降低图像的分辨率；而生成投影模拟图像的边界区域，不利于表达亮色调图像，因为随着偏离光源投射正方向距离的增大，能表现的最高亮度会相应地缩减。

为了更有准备地测试本方法对图像频率的复现能力，图 5-17 给出了本章方法对于一系列从低频到高频的余弦图生成的模拟投影图像，从上到下分别是低频图像到高频图像，输入图像右侧给出了本章方法生成的模拟投影图像，右侧给出了输入输出图像的频率图，其中浅色线为输入图像的曲线，深色线为本方法图像生成的曲线。可以看到，随着频率的提升，本方法能够表现的色调越来越差，而且最大振幅也会相应地变小。

此外，为了测试本方法生成多孔灯罩模型投影的鲁棒性，图 5-18 给出了不同灯光位置以及偏移角度上生成的模拟投影图像。

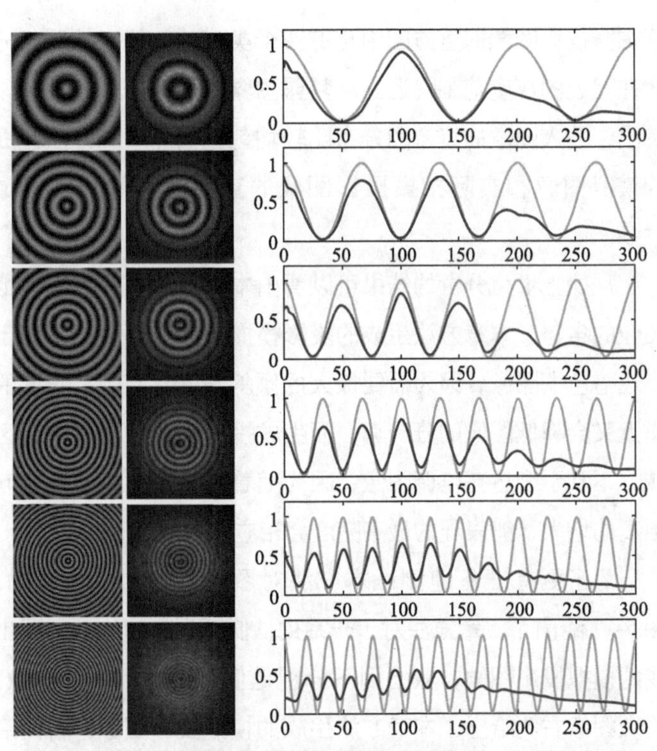

图 5-17 投影图像的量化分析

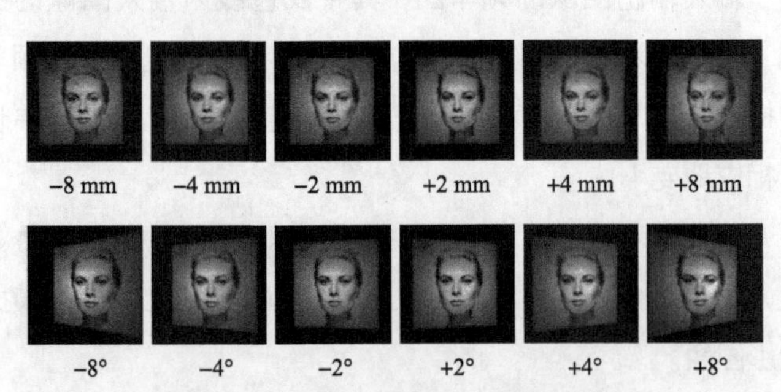

图 5-18 模型生成方法的鲁棒性分析

5.5 本章小结

本章提出了一种能够投影灰度图像的多孔结构灯罩。我们将传统的半色调技术应用于光线上，将光线透射形成的光斑作为显示介质，从而提出了一种新的半色调图像表达方式。本章提出了一种可投影该半色调图像的三维打印多孔结构灯罩的模型生成方法和一种特定的模拟方法。根据用户给定的灰度图像和三维模型，通过在模型表面上设置微小孔洞调制投影图像。对于模型上的微孔优化其大小、位置和相对光源朝向角度，同时保证可打印性的结构约束，使光源透过这些孔洞在投影面上形成一幅与给定图像最相近的连续灰度图像。实际实验表明，本章提出的模型生成方法构建的三维可打印灯罩的投影效果非常接近于原始灰度图像。

第 6 章

总结与展望

6.1 全书总结

本书面向智能制造中的几何问题及其应用，在制造流程规划方面，具体研究了增减材制造路径规划相关的空间填充曲线生成问题以及数控加工封闭自由曲面模型的装夹规划相关的区域分割问题；在增减材制造的应用方面，具体研究了基于三维打印可定制化制造的创意投影灯罩几何模型生成方法。针对这些问题，结合特定的增减材制造的约束背景，本书提出了相应的解决方案。本书的主要工作如下：

1. 提出一种基于费马螺旋线的三维打印路径规划方法

面向三维打印路径规划问题，我们提出了一种同时具有全局连续和平滑两种特性的截面填充曲线生成方法。本书将费马螺旋线引入到空间填充曲线的生成中，详细阐述了费马螺旋线作为一种新的空间填充曲线基础图案式样的优良特性。针对任意拓扑连通的区域，本书提出了一种连通费马螺旋线生成算法，采用分而治之的方法，将任意的拓扑连通区域分为多个相互独立的子区域分别填充费马螺旋线，之后将多条独立的费马螺旋线连接起来生成一条连续不断且平滑的空间填充曲线，并应用一种全局优化的方法在保持曲线路径间距一致的约束下对打印路径进行平滑处理。将连通费马螺旋线应用到三维打印的截面填充路径规划中，并与现有的三维打印路径进行比较，结果证明应用连通费马螺旋线路径规划算法，能够显著提升打印质量并缩短打印时间。

2. 提出一种基于费马螺旋线的减材制造路径规划方法

本书研究了连通费马螺旋线的三维形式，将前文提出的截面填充曲线生成方法拓展到自由曲面精加工路径生成中，提出了一种同时满足全局连续、平滑和等残留三种特性的曲面填充曲线生成方法。等残留的路径规划，要求在满足用户指定的最大残留高度的约束下自由曲面上残留高度均匀分布。为了获得均匀分布的残留高度，自由曲面上的路径间距需要根据相邻路径对应点处的方向曲率去调节。针对用户指定的最大残留高度，自由曲面不同采样点处的方向曲率对应不同的路径间距约束。本书将自由曲面各采样点不同的路径间距约束，统一在一个约束相关的距离标量场的迭代求解中。从该约束相关的距离标量场中抽取的残留高度等值线，恰恰满足均匀残留高度的路径分布约束，并将提取的等值线连接为连通费马螺旋线，最后对生成的连通费马螺旋线进行平滑处理。面向自由曲面精加工，本书提出的路径规划方法能够同时满足连续不断且平滑、区域边界相关、残留高度分布均匀的形状要求，通过实际的加工实验与已有的路径规划方法对比表明，本书方法可以在满足加工质量的前提下显著提升加工效率。

3. 提出一种针对封闭自由曲面数控加工的装夹规划方法

已有的装夹规划方法主要处理基本几何图元组成的 CAD 模型，本书针对三维封闭自由曲面模型，首次探索出一种自动的装夹规划方法。本书设置的具体的装夹规划的前提背景为，五轴数控机床采用定轴加工的方式（3+2 工作模式）对自由曲面模型进行加工。本书对五轴数控机床的刀具相对于曲面模型的可达性进行了分析，并将该装夹规划问题定义为一个可达性分析驱动的带方向标签的区域分割问题。考虑到定轴加工（3+2 工作模式）的约束，我们用 graph cut（图割）方法将输入模型预分割为高度场子区域，之后通过求解一个可达性分析相关的最小覆盖问题，生成装夹规划的工件方向及其对应的加工范围划分。本书提出的装夹规划技术方案具备很好的开放性，适合将装夹规划中的其他本书未考虑到的约束融合考虑。

4. 提出一种投影半色调光影图像的多孔结构灯罩几何模型生成方法

本书将传统的半色调技术应用于光线上，将光线透射形成的光斑作为显示介质，从而提出了一种新的半色调图像表达方式，提出了一种可投影该半色调图像的三维打印多孔结构灯罩的模型生成方法和一种特定的模拟方法。根据用户给定的灰度图像和三维模型，通过在模型表面上设置微小孔洞调制投影图像，对于模型上的微孔优化其大小、位置和相对光源朝向角度，同时保证可打印性的结构约束，使光源透过这些孔洞在投影面上形成一幅与给定图像最相近的连续灰度图像。实际实验表明，本书提出的模型生成方法构建的三维可打印灯罩的投影效果非常接近于原始灰度图像。

6.2 工作展望

本书的研究成果将为增减材制造包括路径规划、装夹规划以及基于三维打印的创意设计与制造提供新的思路和方法，为解决增减材制造中的其他几何问题和应用提供借鉴。研究成果有望直接应用于指导实际的增减材制造，减少人工成本，提升增减材制造过程的加工效率和成品质量。本书在基于三维打印的创意设计与制造方面提出了一种新的投影图像展示技术，在室内家具、创意产品展示、艺术形象展示等领域有广泛的应用前景，但是仍有许多问题有待进一步深入研究解决，未来研究工作可沿下述方向展开：

1. 连通费马螺旋线生成算法的改进及应用推广

本书提出的连通费马螺旋线生成算法的基本思路为对距离标量场等值线进行重新连接操作，再借助一个后处理过程对路径的路径间距和平滑性进行优化。这种方法的缺点在于计算步骤比较繁复，并且无法保证绝对的空间填充特性。未来工作很有必要研究一种更直接而简单的费马螺旋线生成方法。初步的解决方案为，基于阿基米德螺旋线生成原理，直接从二维截面或者三维自由曲面的距离标量场中提取连通费马螺旋线，即抛弃之前算法的提取等值线步骤，并且从距离标量场提取连通费马螺旋线的过程中同时考虑到空间填充（路径间距均匀）以及路径平滑性的约束，即无须再进行后处理优化过程。另外一方面考虑到本书当前的连通费马螺旋线生成前期并没有进行特定的区域分割操作，而针对三维打印或数控加工的路径规划的具体约束对费马螺旋线的生成区域应当有不同的考虑，因此研究不同应用背景下的自适应的区域分割方法同样是非常必要的。

此外连通费马螺旋线作为一种新的空间填充区域，探索其在其他领域的应用和推广也很重要。本书已经将连通费马螺旋线应用于增减材制造的路径规划中。除此之外，Schüller等人将费马螺旋线应用于三维物体的平面展开上[131]，Dai等人将连通费马螺旋线应用于多轴打印的喷头轨迹规划上[132]。

2. 考虑超截面约束的三维打印路径规划方法

包括本书算法在内的当前大部分三维打印路径规划方法，只考虑在给定二维截面中进行填充路径的生成，对于截面生成之上的约束考虑较少。考虑超截面约束的三维打印路径规划是非常有意义的研究方向。该研究方向下可能存在的具体研究问题有：考虑相邻截面的路径的交错性约束生成三维打印路径规划，具体指的是为了提升打印成品模型侧向的力学特征，需要最大化相邻层路径的交错率；考虑三维打印模型方向对路径规划截面的影响，具体指的是不同的打印方向会生成不同的截面区域，从而影响路径规划的质量；考虑非平面的截面生成过程并生成适用于曲面截面的路径规划方法，采取非平面的截面生成的主要目的是提升侧向的力学特征。

3. 支持夹具设计的封闭自由曲面装夹规划方法

如前文所述，数控加工的装夹规划是一个典型的 NP 难问题，并且传统的装夹规划方法大多只考虑处理一般的 CAD 模型。据我们所知，本书首次针对封闭自由曲面模型提出了一个实际可行的装夹规划方法。然而当前的装夹规划方法中忽视了很多实际的加工约束，比如粗加工的路径规划对装夹规划的影响以及装夹规划过程中的夹具设计。自动的夹具规划本身就是非常具有挑战性的问题，需要考虑刀具切削力模拟、工件形变量计算等多种因素。当前针对封闭自由曲面模型的自动夹具设计还研究得非常少，因此将夹具设计过程融合入本书提出的装夹规划算法中具有很好的科研价值以及应用前景。

4. 针对复杂模型的粗加工路径规划算法

本书在第 3 章和第 4 章分别对数控加工的路径规划和装夹规划问题提出了相应的解决方案，其中路径规划主要针对的是数控加工的精加工阶段，而装夹规划过程也没有对粗加工阶段进行进一步的探讨。针对复杂模型的粗加工路径规划算法是非常有意义的研究工作，当前学术界已有的路径生成算法大多只关注了精加工阶段的路径规划，在生成实践中粗加工阶段的路径规划仍然依赖于大量的手工操作。与精加工路径规划不同，粗加工阶段的路径规划是在三维实体空间中进行的区域分割和路径生成，其中可达性分析以及路径规划的难度可想而知。

5. 投影多幅灰度图像或彩色投影图像的多孔灯罩模型生成方法

本书提出的多孔结构灯罩模型生成方法当前只考虑了一幅灰度图像的投影，一项显而易见的未来工作是研究多幅灰度图像投影或者彩色图像投影。投影多幅灰度图像或者彩色投影图像的基本思路是在多孔结构灯罩中放置多个灯光源，通过设置不同的开关次序或者灯光颜色，在投影接收面上形成不同的多幅灰度投影图像或者彩色投影图像。

参考文献

[1] WiKimedia Foundation. Manufacturing [Z/OL]. (2022-02-14). https://en.wikipedia.org/wiki/Manufacturing.

[2] 吴鹏程. 基于曲面分片的球头刀 NC 加工刀具轨迹规划研究[D]. 南昌：南昌大学，2012.

[3] LIU L, SHAMIR A, WANG CC, et al. Whiting E. 3D printing oriented design: geometry and optimization[C]//SIGGRAPH ASIA 2014 Courses, ACM, 2011.

[4] 吴怀宇. 3D 打印：三维智能数字化创造[M]. 北京：电子工业出版社，2014.

[5] A third industrial erevolution[EB/OL]. (2013-12-16). http://www.economist.com/node/21552901.

[6] 本刊. 国家增材制造产业发展推进计划[J]. 机械工业标准化与质量，2015(4)：13-17.

[7] 刘利刚，徐文鹏，王伟明，等. 3D 打印中的几何计算研究进展[J]. 计算机学报，2015，38(6)：25.

[8] 王伟明. 几何特征的稀疏与低秩表达及在三维打印中的应用[D]. 大连：大连理工大学，2016.

[9] WiKimedia Foundation. Machining [Z/OL]. (2021-11-30). https://en.wikipedia.org/wiki/Machining.

[10] 百度百科. 数控加工[Z/OL]. https://baike.baidu.com/item/

数控加工/373170? fr=aladdin.
[11] HAZARIKA M, DIXIT U S. Setup planning for machining[M]. Berlin: Springer, 2015.
[12] 李骏，樊留群，赵建华，等. 基于区域划分的刀轨生成算法的研究[J]. 组合机床与自动化加工技术，2014(5)：123-126.
[13] 陈英俊，陈小童. Master CAM 在复杂曲面数控铣削加工中的应用研究[J]. 组合机床与自动化加工技术，2013(4)：96-98.
[14] DWIVEDI R, KOVACEVIC R. Automated torch path planning using polygon subdivision for solid freeform fabrication based on welding[J]. Journal of Manufacturing Systems, 2004, 23(4): 278-291.
[15] DING D, PAN Z S, CUIURI D, et al. A tool-path generation strategy for wire and arc additive manufacturing[J]. The international journal of advanced manufacturing technology, 2014, 73(1-4): 173-183.
[16] JIN Y, HE Y, FU J, et al. Optimization of tool-path generation for material extrusion-based additive manufacturing technology[J]. Additive Manufacturing, 2014(1): 32-47.
[17] GIBSON I, ROSEN D, STUCKER B. Additive manufacturing technologies: 3D printing, rapid prototyping, and direct digital manufacturing[M]. Berlin: Springer, 2014.
[18] HAZARIKA M, DIXIT U S. Setup planning for machining[M]. Berlin: Springer, 2015.
[19] XU N, HUANG S H, RONG Y K. Automatic setup planning: current state-of-the-art and future perspective[J]. International journal of manufacturing technology and management, 2007, 11(2): 193-208.
[20] ANNA B-S, MARTA S, JULIA M-P, et al. Nanoparticle and Bioparticle Deposition Kinetics: Quartz Microbalance Measurements

[J]. Nanomaterials, 2021, 11(145): 1-38.

[21] SONG P, WANG X F, TANG X, et al. Computational design of wind-up toys[J]. ACM Transactions on Graphics (TOG), 2017, 36(6): 238.

[22] WANG L, WHITING E. Buoyancy optimization for computational fabrication[J]. Computer Graphics Forum: Journal of the European, 2016, 35(2): 49-58.

[23] LI D, LEVIN D I, MATUSIK W, et al. Acoustic voxels: computational optimization of modular acoustic filters[J]. ACM Transactions on Graphics (TOG), 2016, 35(4): 88.

[24] ULICHNEY R. Dithering with blue noise[J]. Proceedings of the IEEE, 1987, 76(1): 56-79.

[25] LAU D L, ARCE G R. Modern digital halftoning[M]. Boca Raton: CRC Press, 2008.

[26] PANG W M, QU Y, WONG T T, et al. Structure-aware halftoning[J]. ACM Transactions on Graphics (TOG), 2008, 29(3): 89.

[27] SCHMALTZ C, et al. Electrostatic halftoning[J]. Computer Graphics Forum, 2010, 29(8).

[28] SCHWARTZBURG Y, et al. High-contrast computational caustic design[J]. ACM Transactions on Graphics (TOG), 2014, 33(4): 74.

[29] PREVOST R, WHITING E, LEFEBVRE S, et al. Make it stand: balancing shapes for 3D fabrication[J]. ACM Transactions on Graphics (TOG), 2013, 32(4): 81.

[30] STAVA O, VANEK B, BENES B, et al. Stress relief: improving structural strength of 3D printable objects[J]. ACM Transactions on Graphics (TOG), 2012, 31(4): 48.

[31] HILDEBRAND K, BEMD B, MARC A. Orthogonal slicing for additive manufacturing[J]. Computers Graphics, 2013, 37(6): 669-675.

[32] LU L, PENG S, FU Z, et al. Build-to-last: strength to weight 3D printed objects[J]. ACM Transactions on Graphics (TOG), 2014, 33(4): 97.

[33] ZHANG X T, ZHAO H S, CHEN X L, et al. Perceptual models of preference in 3d printing direction[J]. ACM Transactions on Graphics (TOG), 2015, 34(6): 215.

[34] VAMEK J, JORGE A, et al. Clever support: Efficient support structure generation for digital fabrication[J]. Computer graphics forum, 2014, 33(5): 117-125.

[35] HU R Z, LI H H, ZHANG H, et al. Approximate pyramidal shape decomposition [J]. ACM Transactions on Graphics (TOG), 2014, 33(6): 1-12.

[36] LUO L J, BARAN I. Chopper: partitioning models into 3D-printable parts[J]. ACM Transactions on Graphics (TOG), 2012 (31): 6.

[37] VANEK J, BENES B, CARR N, et al. Packmerger: A 3d print volume optimizer[J]. Computer Graphics Forum, 2014, 33(6): 322-332.

[38] Chen X L, ZHANG H, LIN J, et al. Dapper: decompose-and-pack for 3D printing[J]. ACM Transactions on Graphics (TOG), 2015, 34(6): 1-12.

[39] YAO M J, CHEN Z L, LUO L J, et al. Level-set-based partitioning and packing optimization of a printable model[J]. ACM Transactions on Graphics (TOG), 2015, 34(6): 1-11.

[40] KULKARNI P, ANNE M, DEBASISH D. A review of process planning techniques in layered manufacturing[J]. Rapid prototyping journal, 2000, 6(1): 18-35.

[41] Ding D H, PAN Z S, CUIURI D, et al. A tool-path generation strategy for wire and arc additive manufacturing[J]. The international journal of advanced manufacturing technology, 2014, 73 (1-4): 173-183.

[42] GIBSON I, ROSEN D, STUCKER B. Additive Manufacturing Technologies[M]. 2nd ed. Berlin: Springer, 2015.
[43] DINH H, et al. Modeling and toolpath generation for consumer-level 3D printing [C]//ACM SIGGRAPH 2015 Courses, ACM, 2015.
[44] JIN Y A, HE Y, FU J Z, et al. Optimization of tool-path generation for material extrusion-based additive manufacturing technology[J]. Additive manufacturing, 2014(1): 32-47.
[45] YANG Y, LOH H T, WANG Y G, et al. Equidistant path generation for improving scanning efficiency in layered manufacturing [J]. Rapid Prototyping Journal, 2002, 8(1): 30-37.
[46] EI-MIDANY, TAWFIK T, AHMED E, et al. Toolpath pattern comparison: Contour-parallel with direction-parallel [C]//Geometric Modeling and Imaging—New Trends, IEEE Computer Socity, 2006.
[47] JIN G Q, LI W D, GAO L. An adaptive process planning approach of rapid prototyping and manufacturing[J]. Robotics and Computer-Integrated Manufacturing, 2013, 29(1): 23-38.
[48] REN F, Sun Y, GUO D M. Combined reparameterization-based spiral toolpath generation for five-axis sculptured surface machining[J]. The international journal of advanced manufacturing technology, 2009, 40(7-8): 760-768.
[49] WiKimedia Foundation. Space-fiuing curve [Z/OL]. (2021-11-28). https://en. wikipedia. org/wiki/Space-filling_curve.
[50] DAFNER R, DANIEL C-O, YOSSI M. Context-based space filling curves [J]. Computer Graphics Forum, 2010, 19 (3): 209-218.
[51] PEDERSEM H K, SINGH K. Organic labyrinths and mazes[C]// Proceedings of the 4th international symposium on Non-photorealistic animation and rendering. ACM, 2006.
[52] WASSER T, ANSHU D J, et al. Implementation and evaluation

of novel buildstyles in fused deposition modeling (FDM) [J]. Strain, 1999, 5(6): 425-430.

[53] ARKIN E M, FEKETE S P, MITCHELL J S B. Approximation algorithms for lawn mowing and milling[J]. Computational Geometry, 2000, 17(1-2): 25-50.

[54] WiKimedia Foundation. Machining[Z/OL]. (2022-01-22). https://en.wikipedia.org/wiki/Fermat' s-spiral.

[55] JOHNSON A. Clipper - an open source freeware library for clipping and offsetting lines and polygons[Z/OL]. 2015. http://www.angusj.com/delphi/clipper.php.

[56] GALLAGER R G, HUMBLET P A, SPIRA P M. A distributed algorithm for minimum-weight spanning trees[J]. ACM Transactions on Programming Languages and systems (TOPLAS), 1983, 5(1): 66-77.

[57] LU L, SHARF A, ZHAO H, WEI Y, et al. Build-to-last: strength to weight 3D printed objects[J]. ACM Transactions on Graphics (TOG), 2014, 33(4): 97.

[58] SLIC3R. 2016. http://slic3r.org/.

[59] POTTMANN H, WALLNER J, HUANG Q X, et al. Integral invariants for robust geometry processing[J]. Computer Aided Geometric Design, 2009, 26(1): 37-60.

[60] LASEMI A, XUE D Y, et al. Recent development in CNC machining of freeform surfaces: A state-of-the-art review[J]. Computer-Aided Design, 2010, 42(7): 641-654.

[61] MAKHANOV S S. Adaptable geometric patterns for five-axis machining: a survey[J]. The International Journal of Advanced Manufacturing Technology, 2010, 47(9-12): 1167-1208.

[62] SARMA R. An assessment of geometric methods in trajectory synthesis for shape creating manufacturing operations[J]. Journal of Manufacturing Systems, 2000, 19(1): 59.

[63] DRAGOMATZ D, MANN S. A Classified Bibliography of Litera-

ture on NC Tool Path Generation Preprint version of article that appeared[J]. Computer-Aided Design, 1997, 29(3): 239-247.

[64] CHOI B K, JERARD R B. Sculptured Surface Machining: Theory and Applications[M]. New York: Springer US, 1998.

[65] REN F, SUN Y, GUO D M. Combined reparameterization-based spiral toolpath generation for five-axis sculptured surface machining [J]. International Journal of Advanced Manufacturing, 2009, 40(7): 760-768.

[66] FENG H Y, TENG Z. Iso-planar piecewise linear NC tool path generation from discrete measured data points[J]. Computer-Aided Design, 2005, 37(1): 55-64.

[67] KRISTIAN H, BERAND B, MARC A. Orthogonal slicing for additive manufacturing [J]. Computers and Graphics, 2013, 37 (6): 669-675.

[68] MISRA D, SUNDARARAJAN V, WRIGHT P K. Zig-zag Tool Path Generation for Sculptured Surface Finishing[J]. In Geometric and algorithmic aspects of computer-aided design and manufacturing: DIMACS workshop computer aided design and manufacturing, 2005(67): 265.

[69] MARSHALL S, GRIFFITHS J G. A survey of cutter path construction techniques for milling machines[J]. International Journal of Production Research, 1994, 32(12): 2861-2877.

[70] COX J J, TAKEZAKI Y, FERGUSON H R P, et al. Space-filling curves in tool-path applications[J]. Computer-Aided Design, 1994, 26(3): 215-224.

[71] GRIFIFTHS J G. Toolpath based on Hilbert's curve[J]. Computer-Aided Design, 1994, 26(11): 839-844.

[72] PI J, RED E, Jensen G. Grind-free tool path generation for five-axis surface machining[J]. Computer Integrated Manufacturing Systems, 1998, 11(4): 337-350.

[73] MARSHALL S, GRIFFITHS J G. A new cutter-path topology for

milling machines [J]. Computer-Aided Design, 1994, 26 (3): 204-214.

[74] STEFFEN H, LARS L. Double-spiral tool path in configuration space[J]. The International Journal of Advanced Manufacturing Technology, 2012, 54(9): 1011-1022.

[75] ZHOU B, ZHAO J B, LI L, et al. A smooth double spiral tool path generation and linking method for high-speed machining of multiply-connected pockets[J]. Machining Science & Technology, 2016: 48-64.

[76] SURESH K, Yang D C H. Constant scallop-height machining of free-form surfaces[J]. Journal of engineering for industry, 1994, 116(2): 253-259.

[77] FENG H Y, LI H. Constant scallop-height tool path generation for three-axis sculptured surface machining[J]. Computer-Aided Design, 2002, 34(9): 647-654.

[78] SANG C P, YUN C C, CHOI B K. Contour-parallel offset machining without tool-retractions[J]. Computer-Aided Design, 2003, 35(9): 841-849.

[79] ZHAO H S, ZHANG H, XIN S Q, et al. DSCarver: decompose-and-spiral-carve for subtractive manufacturing[J]. ACM Transactions on Graphics (TOG), 2018, 37(4): 137.

[80] WANG Y, YU K M, WANG C L. Spiral and conformal cooling in plastic injection molding[J]. Computer-Aided Design, 2015, 63: 1-11.

[81] AGRAWAL R K, PRATIHAR D K, CHOUDHURY A R. Optimization of CNC iso-scallop free form surface machining using a genetic algorithm [J]. The International Journal of Advanced Manufacturing Technology, 2008, 46(7-8): 811-819.

[82] Ahmet, CanAli, Ünüvar. A novel iso-scallop tool-path generation for efficient five-axis machining of free-form surfaces[J]. The International Journal of Advanced Manufacturing Technology, 2010,

51(9-12): 1083-1098.

[83] ZOU Q, ZHANG J Y, DENG B L, et al. Iso-level tool path planning for free-form surfaces[J]. Computer-Aided Design, 2014, 53: 217-225.

[84] KIM S J, LEE D Y, KIM H C, et al. CL surface deformation approach for a 5-axis tool path generation[J]. International Journal of Advanced Manufacturing Technology, 2006, 28 (5-6): 509-517.

[85] KEENAN C, CLARISSE W, MAX W. Geodesics in heat: A new approach to computing distance based on heat flow[J]. ACM Transactions on Graphics, 2013, 32(5): 13-15.

[86] CAMPEN M, HEISTERMANN M, KOBBRLT L. Practical anisotropic Geodesy[J]. Computer Graphics Forum, 2013(32): 63-71.

[87] NX Software, Siemens[Z/OL]. 2016. http://www. plm. automation. siemens. com/en_us/products/nx/index. shtml.

[88] 许本胜, 王灿, 黄美发. 基于图论的计算机辅助装夹规划方法研究[J]. 制造业自动化, 2014, 36(8): 104-107.

[89] AMAITIK S M, ENGIN K C. An intelligent process planning system for prismatic parts using STEP features[J]. The International Journal of Advanced Manufacturing Technology, 2007, 31 (9-10): 978-993.

[90] TENGY-J, JOSHI S B. Recognition of interacting rotational and prismatic machining features from 3D mill-turn parts[J]. International Journal of Production Research, 1998, 36(11): 3147-3165.

[91] KEENAN C, CLARISSE W, MAX W. Geodesics in Heat: A New Approach to Computing Distance Based on Heat Flow[J]. ACM Transactions on Graph, 2013, 32(5): 152: 1-11.

[92] HELD M, CHRISTIAN S. Improved spiral high-speed machining of multiply-connected pockets[J]. Computer-Aided Design and Applications, 2014, 11(3): 346-357.

[93] ZHAO H S, GU F L, HUANG Q X, et al. Connected Fermat

Spirals for Layered Fabrication[J]. ACM Transactions on Graph, 2016, 35(4): 100.1-100.10.

[94] MATTHEW C F, RICHARD A W, SANJAY B J. Determining setup orientations from the visibility of slice geometry for rapid computer numerically controlled machining[J]. Journal of manufacturing science and engineering, 2006, 12(1): 228-238.

[95] GUPTA P, JANARDAN R, MAJHI J, et al. Efficient geometric algorithms for workpiece orientation in 4-and 5-axis NC machining [J]. Computer-Aided Design, 1996, 28(8): 577-587.

[96] PHILIPP H, WOJCIECH M, MARC A. Approximating Freeform Geometry with Height Fields for Manufacturing[J]. Computer Graphics Forum (Eurographics), 2015, 34(2): 239-251.

[97] CORMEN T H, LEISERSON C E, RIVEST R L. Introduction to Algorithms[M]. 北京: 高等教育出版社, 2007.

[98] BOYKOV Y, VEKSLER O, ZABIH R. Fast Approximate Energy Minimization via Graph Cuts[J]. IEEE Trans Pat Ana & Mach Int, 2001, 23(11): 1222-1239.

[99] CHVATAL Y, VAN D K J. A Greedy Heuristic for the Set-Covering Problem[J]. Mathematics of Operations Research, 1979, 4 (3): 233-235.

[100] LEE Y J, LEE S Y. Geometric Snakes for Triangular Meshes [J]. Computer Graphics Forum, 2002, 21(3): 229-238.

[101] KIPPHAN H. Handbook of Print Media: Technologies and Production Methods[M]. Berlin: Springer Berlin Heidelberg, 2001.

[102] KIM T H, SANG I P. Deep context-aware descreening and rescreening of halfone images[J]. ACM Transactions on Graphics (TOG), 2018, 37(4): 1-12.

[103] FU M S, OSCAR C A. Data hiding watermarking for halfone images[J]. IEEE Transactions on Image Processing, 2002, 11 (4): 477-484.

[104] KIM D, SON M, LEE Y, et al. Feature-guided image stippling

[J]. Computer Graphics Forum, 2008, 27(4): 1209-1216.

[105] CHANG J H, ALAIN B, OSTROMOUKHOV V, et al. Structure-aware error diffusion[J]. ACM Transactions on Graphics (TOG), 2009(162): 1-8.

[106] Li H W, WEI L-Y, SANDER P V, et al. Anisotropic blue noise sampling[J]. ACM Transactions on Graphics (TOG), 2010, 29(6): 167.

[107] LI H, DAVID M. Structure-preserving stippling by priority-based error diffusion [C]//Proceedings of Graphics Interface 2011 Canadian Human-Computer Communications Society, ACM, 2011.

[108] BALZER M, SCHLOMER T, DEUSSEN O. Capacity-constrained point distributions: a variant of Lloyd' s method[J]. ACM Transactions on Graphics (TOG), 2009, 28(3): 617-624.

[109] FERNANDOD G, KATHERINE B, VICTOR O, et al. Blue noise through optimal transport [J]. ACM Transactions on Graphics (TOG), 2012, 31(6): 171.

[110] BARES J, BARTLETT C T, DELAVASTITA P A, et al. Imaging Sciences and Display Technologies[J]. Proceedings of SPIE The International Society for Optical, 1997, 2949(49): 478.

[111] LOU Q, PETER S. " Fundamentals of 3D halftoning. " Electronic Publishing, Artistic Imaging and Digital Typography[M]. Berlin: Springer, 1998.

[112] ZHOU C, CHEN Y. Three-dimensional digital halftoning for layered manufacturing based on droplets[J]. Transactions of the North American Manufacturing Research Institution of SME, 2009, 37: 175-182.

[113] MITRA N J, PAULY M. Shadow art[J]. ACM Transactions on Graphics, 2009, 28(5): 1.

[114] WETZSTEIN G, LANMAN D, HEIDRICH W, et al. Layered 3D: tomographic image synthesis for attenuation-based light field

and high dynamic range displays [J]. ACM Transactions on Graphics (TOG), 2011, 30(4): 1-12.

[115] BARAN I, KELLER P, BRADLEY D, et al. Manufacturing layered attenuators for multiple prescribed shadow images [J]. Computer Graphics Forum, 2012, 31(2): 603-610.

[116] ALEXA M, WOJCIECH M. Irregular pit placement for dithering images by self-occlusion[J]. Computers & Graphics, 2012, 36 (6): 635-641.

[117] WEYRICH T, PEERS P, MATUSIK W, et al. Fabricating microgeometry for custom surface reflectance [J]. ACM Transactions on Graphics (TOG), 2009, 28(3): 1-6.

[118] MARIOS P, WOJCIECH J, WENZEL J, et al. Goal-based caustics[J]. Computer Graphics Forum, 2011, 30(2): 503-511.

[119] FINCKH M, DAMMERTZ H, LENSCH H, et al. Geometry construction from caustic images [C]//European Conference on Computer Vision, Springer, 2010.

[120] ZHOU C, CHEN Y. Three-dimensional digital halftoning for layered manufacturing based on droplets[J]. Transactions of the North American Manufacturing Research Institution of SME, 2009, 37: 175-182.

[121] YUE Y H, IWASAKI K, CHEN B-Y, et al. Poisson-based continuous surface generation for goal-based caustics [J]. ACM Transactions on Graphics (TOG), 2014, 33(3): 31.

[122] SCHWARTZBURG Y, TESTUZ R, TAGLIASACCHI A, et al. High-contrast computational caustic design [J]. ACM Transactions on Graphics (TOG), 2014, 33(4): 74.

[123] PAPAS M, HOUIT T, NOWROUZEZAHRAI D, et al. The magic lens: refractive steganography [J]. ACM Trans Graph, 2012, 31(6): 186.

[124] MALZBENDER T, SAMADANI R, SCHER S, et al. Printing reflectance functions[J]. ACM Transactions on Graphics (TOG),

2012, 31(3): 20.

[125] LEVIN A, GLASNER D, XIONG Y, et al. Fabricating BRDFs at high spatial resolution using wave optics[J]. ACM Transactions on Graphics (TOG), 2013, 32(4): 144.

[126] LAN Y, DONG Y, PELLACINI F, et al. Bi-scale appearance fabrication[J]. ACM Trans Graph, 2013, 32(4): 145.

[127] WILLIS K, et al. Printed optics: 3D printing of embedded optical elements for interactive devices[C]//Proceedings of the 25th annual ACM symposium on User interface software and technology, ACM, 2012.

[128] PEREIRA T, RUSINKIEWICZ S, MATUSIK W. Computational light routing: 3d printed optical fibers for sensing and display [J]. ACM Transactions on Graphics (TOG), 2014, 33(3): 24.

[129] DU Q, FABER V, GUNZBURGER M. Centroidal Voronoi tessellations: Applications and algorithms [J]. SIAM review, 1999, 41(4): 637-676.

[130] BASRI R, JACOBS W D. Lambertian reflectance and linear subspaces[C]//Eighth IEEE International Conference, EBSCO, 2001, 2.

[131] SCHÜLLER C, PORANNE R, SORKINE-HORNUNG O. Shape Representation by Zippable Ribbons[J]. ACM Transactions on Graphics, 2017, 37.4(78): 1-13.

[132] DAI C, WANG C C, WU C, et al. Support-free volume printing by multi-axis motion[J]. ACM Transactions on Graphics (TOG), 2018, 37(4): 134.

攻读博士学位期间的科研成果

[1] ZHAO H S, LIN L. Variational circular treemaps for interactive visualization of hierarchical data[J]. IEEE, 2015: 81-85.

[2] 赵海森，吕琳，薄志涛. 面向层次化数据的变分圆形树图[J]. 软件学报, 2016, 27(5): 1103-1113.

[3] ZHAO H S, LIN L U, WEI Y, et al. Printed Perforated Lampshades for Continuous Projective Images[J]. ACM Transactions on Graphics (TOG), 2016, 35(5): 154. 1-154. 11.

[4] ZHAO H S, GU F, HUANG Q X, et al. Connected Fermat Spirals for Layered Fabrication [J]. ACM Transactions on Graphics, 2016, 35(4): 100. 1-100. 10.

[5] ZHAO H, ZhANG H, XIN S, et al. DSCarver: Decompose-and-spiral-carve for subtractive manufacturing[J]. ACM Transactions on Graphics, 2018, 37(4): 1-14.

国家发明专利：

[1] 吕琳，陈宝权，魏源，赵海森. 一种面向 3D 打印的半色调投影与模型生成方法：CN201410420912. 4[P]. 2015-11-05.

[2] 吕琳，赵海森，陈宝权，等. 一种改进的面向 3D 打印的半色调投影与模型生成方法：CN201610150875. 9[P]. 2016-08-19.

[3] 吕琳，薄志涛，赵海森，等. 一种自定义模型表面镂空的 3D

打印方法：CN201510656994.7[P]. 2015-12-23.
[4] 吕琳，屠长河，陈宝权，陈学霖，赵海森，等. 一种面向3D打印的物体内部结构优化方法：CN201410230442.5[P]. 2016-05-11.
[5] 陈宝权，丹尼尔·科恩·奥尔，张皓，赵海森. 一种基于费马尔螺旋线的3D打印路径规划方法：CN201610242579.1[P]. 2016-06-29.

致谢

十一年前，爸爸和舅舅带着我从老家聊城来到省城济南上大学，记得那是我第一次离开聊城，在通往济南的长途汽车上第一次亲眼见到了那么高的山，到后来才知道济南的山顶多算是些小丘陵，不过在当时已经足够震撼到我了。我的老家在华北平原东部，满眼望去，一马平川。从济南的长途汽车总站下车，我记得当时总站周边还是一片荒地，现在去看已经都是高楼大厦了。那会儿绝不会想到自己会在大学里待那么长时间，软件学院的 4 年本科以及计算机学院的 3 年硕士和 4 年博士。我想今后不管走到那里，“山大”这个名字都将会伴随我一生吧！最喜欢校友之歌里面的一句话：“我的‘山大’我的家。”真心希望“山大”能越变越好，不负百年的历史，不负辉煌的过去！

在博士阶段，我非常幸运能够成为陈宝权教授的学生，并且是陈老师在山大的第一批学生。陈宝权教授是 2013 年加入山东大学的五名全球招聘院长之一，学院的其他老师都称呼他为陈院长，我们还是更习惯叫陈老师。陈老师是图形学领域的大牛，视野非常开阔，非常重视与人交流，在待人接物等方面有太多优点可以学习。陈老师身上有一股很强的人格魅力，有陈老师在身边我总是感觉很踏实，不自觉地就能受到鼓舞。陈老师对我个人的影响是多方面的。科研方面对我最大的影响是将我引入到了图形学领域的“奥林匹克竞赛”——ACM SIGGRAPH 的世界中。SIGGRAPH 会议要求极致和完美的精神深深影响了我。读博这几年，粗略一算，已经赶了 7 次 SIGGRAPH 的 deadline（截止日期），也参加了 5 次 SIGGRAPH 会议。从最开始的懵懵懂懂，到能够提出核心算法，从参加 SIG 会议在台下听各种大佬神采飞扬的报告，到自己也能在大会上做报告，都要感谢陈老师的悉心培养。科研之外，陈老师还为我提供了非常多参与公共服务或实验室管理的工作机会，包括组织实验室的第一次开放日活动、参与和中国青年报的合作项目、长期负责实验室讨论班的组织、每年参与许多新生的招聘面试工作，这些工作对我的影响不亚于科研方面。我原来的性格偏沉默，在刚开始读博的时候当众说话都会紧张，这些服务型的工作锻炼了我，使我变得开朗乐观了很多。衷心感谢五年来陈老师对我的栽培！

2013 年，我开始了一段和交叉研究中心密不可分的奇妙旅程。在这五年时间里，中心的老师和同学给了我非常多的帮助。感谢实验室的屠长河老师、秦学英老师、吕琳老师、汪云海老师、辛士庆老师、钟凡老师、李扬彦老师及王雅芳老师等对我的帮助。其中屠长河老师经常给我鼓劲，他也是我项目的固定合作者，给了我非常多有效的指导和建议；秦学英老师非常和蔼可亲，实验室的同学们都称秦老师为“秦妈”，感谢秦老师带给我们的温暖；吕琳老师从我硕士阶段就是我的具体指导老师，能有机会加入交叉研究中心也要感谢吕琳老师的介绍，吕琳老师可以说是我能够开始博士阶段学习的“贵人”，非常感谢吕琳老师一直以来对我的科研工作和个人生活的关心与帮助；汪云海老师是我所见过的最富有激情的科研人员，对科研工作的无比热情和积极的工作态度一直是我学习的榜样；辛士庆老师乐观幽默的性格与扎实的学术功底让我在生活和学习中受益匪浅；钟凡老师大隐隐于市的学者风范、不跟风不浮躁的治学态度非常值得我学习；李扬彦老师是中心新加入的年轻老师，李老师富有创见的洞察力屡屡让我感到钦佩，李老师做的科研扎实实用，我也是非常敬佩；王雅芳老师和我年龄相仿，感觉王老师像知心大姐一样在我博士刚开始的阶段帮我解答了许多的疑惑。还要感谢中心的科研秘书段晓甜老师，段老师和我同届硕士毕业，平辈论交倍感亲切，非常感谢她为实验室付出的辛勤汗水！

除此之外，我深深感谢交叉研究中心的“同窗”好友们，每天与你们见面简单聊几句都让我身心愉悦。特别感谢实验室的王国峰师兄、曾琼师姐、姜新波师兄、蒋鹏师兄、徐敏峰师兄、万国伟老师、秦红星老师、魏源、陈学霖、樊庆楠、王斌、刘萌、刘健、周佳然、葛桐、王妍彦、包晓克、李茜楠、陈文拯、李昊、李化永、韩福波、王欢、李华东、徐未来、于悠扬、应建明、冯康、张梦琳、刘旸、何莎、吴伟、薄志涛、卜瑞、董思言、周强、刘珅岐、刘晓康、史明镒、邓园旻、顾方霖、曹金明、高增幅、刘霖、彭昊、李曼祎、李双、闫鑫、饶聪、孙铭超、魏卓、陶睿、徐凡、杨静如等，是你们让我了解了该以怎样的态度做科研，该怎么与周围人更好地相处。当然，还有很多没有提到的同学，能与你们在最美好的年华相遇，是我一生的荣幸。

也特别感谢学校和学院的各位领导、老师在我求学期间对我的帮助和关心，特别感谢陪伴我硕士和博士 7 年求学生活的辅导员贺平老师、张四化老师、周广鹏老师、张炜老师、何玉娟老师和于水老师等。

在读博的几年里，我有幸与以色列特拉维夫大学的 Daniel Cohen-Or 教授、加拿大西蒙弗雷泽大学的 Richard Zhang 教授、以色列耶路撒冷希伯来大学的 Dani Lischinski 教授、以色列本古里安大学的 Andrei Sharf 教授、中国香港大学的王文平教授、美国普渡大学的 Bedrich Benes 教授、美国南加州大学的 Yong Chen 教授、美国得克萨斯大学的 Qixing Huang 教授合作；他们考虑问题的方式、踏实认真的态度、善于提问的习惯都给我留下了深刻的印象，感谢！

感谢我的父母赵文臣和薛桂芝的养育之恩！和村里的同龄人相比，当年一起长大的小伙伴都是好几个孩子的爸爸妈妈了，早就开始挣钱养家了，而我依然每天背个双肩包去实验室上学，心中颇感惭愧！漫长的求学生涯充满了二老的殷切付出，也感谢我的姐姐赵秀民、妹妹赵秀秀对我无尽的关怀！

感谢我的妻子郭倩倩，是她在博士期间给予了我无限的爱与包容。记不清有多少次因为实验课题忙，回不了家，只能让她独自承受孤独！当我在科研上遇到困难，束手无策的时候，当我文章屡投不中，心灰意冷的时候，如果没有她给我的支持，我不可能度过一个个这样的灰暗时刻。我博士期间取得的所有成绩，可以说都归功于她无怨无悔的支撑！2015 年的冬天我们领证结婚了，但是迟迟没有举办婚礼，2018 年的 10 月 5 日是我们大婚的日子，在我们老家举行，愿我们长长久久，幸福美满，有一个美好的未来！